Springer-Verlag Berlin Heidelberg GmbH
Monbijouplatz 3.

Zeitschrift

für

Instrumentenkunde.

Organ

für

Mittheilungen aus dem gesammten Gebiete der wissenschaftlichen Technik.

Herausgegeben

von

E. Abbe in Jena, **Fr. Arzberger** in Wien, **C. Bamberg** in Berlin, **C. M. v. Bauernfeind** in München, **W. Foerster** in Berlin, **R. Fuess** in Berlin, **H. Haensch** in Berlin, **E. Hartnack** in Potsdam, **W. Jordan** in Hannover, **H. Kronecker** in Berlin, **A. Kundt** in Strassburg i. E., **H. Landolt** in Berlin, **V. v. Lang** in Wien, **L. Loewenherz** in Berlin, **S. v. Merz** in München, **G. Neumayer** in Hamburg, **J. A. Repsold** in Hamburg, **A. Rueprecht** in Wien, **K. Schellbach** in Berlin, **F. Tietjen** in Berlin.

Redaction:

Dr. A. Leman und **Dr. A. Westphal**

in Berlin.

Jährlich 12 Hefte. — Preis für den Jahrgang M. 18,—.

Elektrotechnische Zeitschrift.

Herausgegeben

vom

Elektrotechnischen Verein.

Redigirt von

Dr. E. Zetzsche,   und   **Dr. A. Slaby,**

Professor, Telegraphen-Ingenieur im   Dozent a. d. Königl. techn. Hochschule, Mitglied
Reichs-Postamt.   des K. Patentamts.

Jährlich 12 Hefte. — Preis für den Jahrgang M. 20,—.

Durch alle Buchhandlungen und Postanstalten zu beziehen.

Die

Theorie der Sonnenflecken.

Die
Theorie der Sonnenflecken.

Nach den

neuesten wissenschaftlichen Forschungen

dargestellt

von

J. E. Broszus.

Springer-Verlag Berlin Heidelberg GmbH

1884.

ISBN 978-3-662-33649-6   ISBN 978-3-662-34047-9 (eBook)
DOI 10.1007/978-3-662-34047-9

Vorwort.

———

Die vorliegende „Theorie der Sonnenflecken" ist ein Versuch, aus dem bisherigen Beobachtungsmaterial ein einheitliches Ganzes zu schaffen, in welchem die solaren Erscheinungen sich zu einem Kreislauf anordnen.

Nachdem wir die physische Beschaffenheit der Sonne mit Hülfe der Spectralanalyse auf das genaueste kennen gelernt haben, erscheint es unter der sichern Führung der Naturgesetze durchaus nicht gewagt, eine Theorie der Sonnenflecken aufzustellen. Diese gestaltet sich aber so vielseitig, dass sie gleichzeitig als eine Theorie der Sonne gelten kann und zwar umsomehr, als hauptsächlich die Sonnenflecken neben wenigen anderen Erscheinungen der Schlüssel für die gesammte Heliographie sind.

Der Leitfaden für unsere Theorie, welcher die einzelnen Erscheinungen in ihrer gesetzmässigen Reihenfolge, wie Perlen auf eine Schnur anzureihen gestattet, ist die gleich im ersten Abschnitt erläuterte Diffusion des Wasserstoffs durch die glühendflüssige Oberflächenschicht der Sonne, welche bisher noch niemals in Erwägung gezogen wurde.

Seit der Entdeckung der Sonnenflecken sind vier der Grundidee nach verschiedene Theorien aufgestellt, welche die

Flecke als Löcher, Wolken, Wirbel oder Schlacken erklären und jede besitzt ein gewisses Anrecht auf ihre Richtigkeit. Sobald man aber die gesammten Erscheinungen, welche die Sonnenthätigkeit begleiten unter Berücksichtigung der Diffusion des Wasserstoffgases, zu einem zwangslosen Kreislauf zusammenfügt, nehmen die Schlacken allein den für die Flecken gebührenden Platz ein. Bisher fanden die schlackenförmigen Sonnenflecke in Zöllner ihren einzigen Vertreter, und wurde ihre Constitution in Anbetracht der übrigen, sehr wahrscheinlich klingenden Theorien stark angezweifelt. Die vorliegende, sehr umfangreich erweiterte Theorie ist geeignet, alle Bedenken gegen die schlackenartige Natur der Sonnenflecken zu heben, und hoffen wir, dass dieselbe den Vorzug gewinnt.

Berlin, im November 1883.

J. E. Broszus.

Inhaltsverzeichniss.

Das Wesen der Sonne.

Die Sonne, diese mächtige Herrscherin am Himmels-
gewölbe, welche vermöge ihrer Licht- und Wärmeabgabe alles
Leben erhält, erfüllt stets den denkenden Menschen mit Bewunderung und war daher schon früh der Gegenstand ein-
gehender Beobachtung. Bis zur Erfindung des Fernrohrs besass
man kein Mittel ihre Oberfläche näher zu erforschen, dennoch
haben die Chinesen vor 2000 Jahren die ersten Sonnenfleckenbeobachtungen mit blossem Auge gemacht und zwar unter
Anwendung sehr primitiver Hülfsmittel, zur Abblendung des
Sonnenlichtes.

Die telescopischen Beobachtungen haben während der
letzten Jahrhunderte über die Eigenschaften der mannigfachen
Lichterscheinungen auf der Sonne, ausführliche Auskunft ge-
geben. Im Besonderen war der Zusammenhang der übrigen
Erscheinungen mit den dunkeln Sonnenflecken auffallend,
welcher bald als eine gesetzmässige Beziehung gedeutet wurde,
und daher richtete sich sehr bald das Bestreben dahin, eine
Theorie für die Sonnenflecken zu finden.

Bevor aber die chemische Natur, der auf der Sonne vorkommenden Stoffe nicht bekannt war, konnte auch die Theorie
der Sonnenflecke nur eine der Wahrheit nahe kommende, muth-
maassliche Darstellung erfahren und erst durch die Anwendung
der Spectralanalyse auf die Beobachtung der Himmelskörper,
wurde diese bis dahin bestehende Lücke in der kosmischen
Wissenschaft ausgefüllt.

Wie weit sich eine Hypothese von der Wahrheit entfernen kann, so lange sie aus unzureichenden Beobachtungsresultaten aufgebaut bleibt und man genöthigt ist, den fehlenden Theil durch willkürliche Annahmen zu ergänzen, das zeigt deutlich die älteste Erklärung für die Constitution der Sonnenflecke von Wilson (1769). Nach ihr ist der Sonnenkern eine dunkele Kugel, welche von einer leuchtenden Gasatmosphäre, der Photosphäre eingehüllt wird. Diese besteht aus zwei wolkenartigen Schichten, von denen die äussere stärker leuchtet als die innere und die Sonnenflecke sind wirkliche Löcher in dieser leuchtenden Gasatmosphäre, welche den dunkeln Sonnenkern hindurchblicken lassen, während der Halbschatten von der unteren, nur im Halbdunkel leuchtenden Schicht gebildet und durch die erweiterte Oeffnung in der oberen stärker leuchtenden Schicht begrenzt wird. Die Sonnenflecke rufen in der That in den ersten Tagen ihres Entstehens die Täuschung hervor, als wenn sie wirkliche Löcher in der leuchtenden Photosphäre wären, was auch von allen späteren Beobachtern bestätigt wird, es sprechen jedoch so viele physikalische Gründe gegen einen dunkeln Sonnenkern, dass es überraschend erscheint, wie dieser Vorstellung, selbst spätere Astronomen und Physiker folgten. Wir begegnen diesem sogenannten Wilson'schen Phänomen noch einmal an der parallelen Stelle in einem späteren Abschnitt und folgen hier nur den Worten Müller-Pouillet's in seiner kosmischen Physik, welche eine treffende Widerlegung der Anschauung vom dunkeln Sonnenkern enthalten: „Wenn irgend ein glühender Körper durch Ausstrahlung erkaltet, so kann die Erkaltung nur von Aussen nach Innen fortschreiten, die äussere Hülle wird zuerst erkalten und erstarren, während der von ihr eingeschlossene Kern sich noch in feurig-flüssigem Zustande befindet, wie dies z. B. für unsere Erde auf das Unzweifelhafteste dargethan ist. Es ist demnach wohl nicht möglich, dass der innere Kern der Sonne schon zu einer dunkeln

Masse erkaltet sein soll, während er von einer glühenden Atmosphäre umgeben ist. Ja nehmen wir sogar an, dass ein solcher Zustand wirklich stattfände, so könnte er kein dauernder sein, weil der dunkele kalte Kern fortwährend Wärmestrahlen, von der Photosphäre erhaltend, ohne sie nach irgend einer Seite hin, frei ausstrahlen zu können, sich rasch erwärmen müsste. Kurz ein solcher Zustand könnte nur ein vorübergehender sein, während doch die Sonne Jahrtausende hindurch, als glühender Körper ihre Strahlen in den Himmelsraum aussendet. Eine solche Beständigkeit ist nur durch die Annahme einer weissglühenden Masse von den enormen Dimensionen des gesammten Sonnenkörpers erklärlich. Eine glühende Photosphäre würde bei ihrer geringen Masse bald ihre gesammte Wärme an den ungeheuren kalten Kern abgeben müssen."

Nachdem Kirchhoff durch seine spectroscopischen Untersuchungen (1860) die chemische Natur der Stoffe auf der Sonne entdeckt, war jene Theorie vom dunkeln Sonnenkern vollständig aufgehoben und die Heliographie erhielt ein geologisches Fundament.

„Die Spectralanalyse giebt uns ein Mittel an die Hand zu erkennen, ob ein glühender oder leuchtender Körper fest oder flüssig ist, oder sich in gasförmigem Zustand befindet, im ersten Falle ist sein Spectrum continuirlich, im andern Falle besteht dasselbe aus hellen farbigen Linien" führt Dr. Schellen sehr treffend an, in seinem epochemachenden Werk „Die Spectralanalyse in ihrer Anwendung auf die Stoffe der Erde und die Natur der Himmelskörper" dem die bezüglichen Mittheilungen in unserer Abhandlung entlehnt sind. Aus dem Umstand dass die Sonne ein continuirliches Spectrum zeigt, schloss Kirchhoff dass sie ein fester oder tropfbar flüssiger in höchster Glühhitze befindlicher Kern sei, umgeben von einer Atmosphäre von etwas niederer Temperatur. Diese Atmosphäre, bestehend aus verschiedenen dampfförmigen

Stoffen absorbirt einen Theil, der vom glühenden Kern aus-
gehenden Lichtstrahlen, was durch eine Anzahl dunkeler Linien
im Sonnenspectrum angezeigt wird, man nennt diese daher die
Absorptionslinien. Ihr Dasein wurde schon von Fraun-
hofer (1814) entdeckt und sie führen daher auch die Bezeichnung Fraunhofersche Linien, jedoch hat Kirchhoff zuerst ihre
Entstehung erklärt. Das tief dunkele Aussehen mancher
Fraunhoferscher Linien erlaubt nach Kirchhoff die Schluss-
folgerung, dass die Temperatur der Dampfatmosphäre, welche
den in grösster Glühhitze befindlichen Sonnenkern umgiebt,
ebenfalls sehr bedeutend sein muss, damit eine vollkommene
Absorption stattfindet. Ferner beweist das Zusammenfallen
vieler Absorptionslinien des Sonnenspectrums, mit den hellen
Spectrallinien anderer Gase, dass die Sonnenatmosphäre eine
grosse Anzahl uns bekannter Stoffe in Gasform enthält. Hauptsächlich machte sich das Vorhandensein von Eisendampf bemerkbar, in geringern Mengen dagegen noch
Calcium, Magnesium und Natrium. Später wurden von Ang-
ström u. a. entdeckt, dass die Sonnenatmosphäre auch geringe
Mengen der Dämpfe von Kobalt, Kupfer, Zink, Baryum,
Mangan und Titan enthält, in vorwiegender Menge aber
freien Wasserstoff. Auch Wasserdampf soll nach Secchi
in der Nähe der Sonnenflecke vorkommen, wodurch Spuren
von freiem Sauerstoff angezeigt werden. Es scheinen dagegen
zu fehlen, Gold, Silber, Quecksilber, Alaun, Cadmium und
viele andere Stoffe, deren Zahl sich aber durch spätere Ent-
deckungen schon sehr verringert hat.

Die Fraunhoferschen Linien im Sonnenspectrum, deren
Zahl ungefähr 600 beträgt, scheinen demnach nur diejenigen
Stoffe anzuzeigen, deren Verdampfungstemperatur nicht die
Oberflächentemperatur der Sonne übersteigt. Da aber nach
Kirchhoff die Sonnenoberfläche sich in glühendflüssigem Zu-
stande befindet, und Eisendampf vorwiegend auftritt so können

wir schliessen, dass die Oberflächentemperatur der Sonne nicht hoch genug ist um die schwerer schmelzbaren Stoffe in Dampfform zu versetzen.

Das Verhältniss der auf der Sonne vorkommenden Gase und Dämpfe ist ein sehr ungleiches, insofern als der freie Wasserstoff allein die Sonnenatmosphäre ausmacht und der Eisendampf mit wenigen Spuren anderer Metalldämpfe die Bedeckung des Sonnenkerns bildet, so dass wir Wasserstoff und Eisendampf als die sichtbaren Hauptbestandtheile der Sonnenschale betrachten dürfen. Die bisherige Anwendung des Ausdrucks „Sonnenkern" bezieht sich nur auf die sichtbare Sonnenschale.

Die Ergebnisse der Spectraluntersuchungen haben in neuerer Zeit allerdings eine Abänderung erfahren, welche die Annahme eines glühendflüssigen Sonnenkerns schwankend macht. Nach den Untersuchungen von Frankland, Lockyer, Sainte-Clair-Deville, Wüllner und Bettendorf zeigen auch die Gase im comprimirten Zustand, beim glühen ein continuirliches Spectrum, und u. a. besitzt der glühende Wasserstoff, welcher an und für sich schon einen metallischen Charakter trägt, diese Eigenschaft bereits bei dem geringen Druck von drei Atmosphären. Ferner ist durch Beobachtungen festgestellt, dass die Wasserstoffatmosphäre nur in ihrer untern Schicht jene „metallischen Dämpfe" enthält, welche die Absorptionslinien erzeugen und es liegt daher sehr nahe, dass das Sonnenspectrum, seinen Ursprung in einer glühenden Gasschicht findet, die unterhalb jener metallischen Dampfschicht ruht, für deren Hauptbestandtheil wir vielleicht den Wasserstoff selbst ansehen dürfen. Auch die zahlreichen Wasserstofferuptionen verleiten zu der Annahme, dass unter jener Schicht metallischer Dämpfe, sich grosse Mengen reinen Wasserstoffs in stark comprimirtem Zustand befinden, welche vielleicht den ganzen Sonnenkern ausmachen. Es wäre dem-

nach die Dampfschicht nur als eine Schale des eigentlichen
Sonnenkerns zu betrachten, mit darüber lagernder Wasserstoffatmosphäre. Diese Gruppirung der Stoffe auf der Sonne steht
zwar nicht im Widerspruch mit der Theorie der Absorptionslinien, sie befindet sich aber nicht im Einklang mit der natur-
gemässen Folge, dass sich die Gase und Dämpfe nach dem
Verhältniss ihrer specifischen Schwere über einander erheben.
Wenn der Sonnenkern grosse Mengen reinen Wasserstoff birgt,
so kann die Absperrung dieses leichten Gases nur durch eine
flüssige Oberflächenschicht gedacht werden, und wir gehen
nicht fehl, in Anbetracht der vorwiegenden Eisendämpfe, unterhalb derselben eine glühendflüssige Eisenschicht anzunehmen, zumal die schwerer schmelzbaren Metalle an der
Oberfläche der Sonne gänzlich zu fehlen scheinen. Die Eisendämpfe können nämlich nach dem Gesetz der Ablagerung,
nicht die unterste Schicht der Wasserstoffatmosphäre, auf dem
gedachten Wasserstoffkern ruhend, bilden, sondern sie werden
von einer „dichtern“ Schicht getragen, welche der Reihenfolge
nach, eben nur die glühendflüssige und in theilweisem Ver-
dampfen befindliche Eisenschicht ist. Einen weiteren Beweis
für das Bestehen einer flüssigen Oberflächenschicht liefern die
in Gestalt von eng geschlossenen und scharf begrenzten Strahlen,
hervorbrechenden gasigen Eruptionen, welche sich bis zu ungeheurer Höhe erheben. Diese charakteristischen Merkmale
sind den gasigen Eruptionen nur dann eigen, wenn sie ein
Medium durchbrechen, welches flüssig und specifisch schwerer
ist als ihre Bestandtheile und durch allseitigen Druck auf die
geschlossene Form hinwirkt.

Wir gehen nun von der Annahme eines gasförmigen
Sonnenkerns aus, wofür schon die geringe mittlere Dichte
der Sonnenmasse spricht, denn diese beträgt nur $^1/_4$ der Erd-
dichte oder $^5/_4$ mal der Dichte des Wassers und diejenigen
Stoffe, welche selbst noch bei der Oberflächentemperatur der

Sonne flüssig bleiben, können nur die Eigenschaft des flüssigen Eisens zeigen oder sind schwerer schmelzbar als dieses, wozu die Edelmetalle gehören. Aber selbst aus Eisendampf allein kann die Sonnenmasse ihrer geringen Dichte halber wohl nicht bestehen und auch die Wasserstofferuptionen sprechen dafür, dass der Sonnenkern neben den vermuthlichen Eisendämpfen, noch andere und zwar leichtere Gase enthält. Wir kennen allerdings die Eigenschaft des Eisens, den Wasserstoff zu absorbiren; diese Fähigkeit geht dem Eisen aber vollständig verloren, sobald es sich im glühendflüssigen Zustand befindet. Wenn aber der freie Wasserstoff in keiner gebundenen Form im Sonnenkern auftritt, so erscheint es um so wunderbarer, warum dieses Gas, welches uns als das leichteste aller Gase bekannt ist, allein in den gasigen Eruptionen auftritt und nicht in Gemeinschaft mit noch anderen Gasen, etwa Stickstoff. Die Dicke der glühendflüssigen Eisenschicht ist jedenfalls so gross, dass die Spannung der eingeschlossenen Gase verschwindend klein ist, gegen den Druck der Oberflächenschicht und wenn dem Wasserstoff allein die Fähigkeit innewohnt, sich seiner Fessel zu entledigen, so findet dies seinen besonderen Grund in dem Verhalten des Gases zum glühendflüssigen Eisen: Der Wasserstoff durchdringt nämlich die glühenden Wände eines eisernen Behälters, wie durch Versuche von Sainte-Clair-Deville, Cailletet und Graham gefunden, und zwar diffundirt das Gas nicht allein von innen nach aussen, wenn es Spannung besitzt, sondern auch in umgekehrter Weise. Cailletet setzte einen glühenden Flintenlauf, welcher zwischen zwei Walzen platt gedrückt und an beiden Enden verschlossen war, der Diffusion des Wasserstoffs aus, was in solchem Maasse geschah, dass durch den Druck des Gases, der Flintenlauf seine ursprüngliche Form erhielt. Die Untersuchung ergab auch, dass im Innern des Flintenlaufs nur reiner Wasserstoff vorhanden war. Nach den Untersuchungen von Graham kommt diese Porosität gegen Wasserstoff, ausser beim glühenden Eisen, ebenfalls beim Palladium und Platin vor.

Die glühendflüssige Eisenschicht bildet demzufolge eine für Wasserstoff poröse Schale, sie filtrirt gewissermassen im chemischen Sinne den gasförmigen Inhalt und das ausschliessliche Vorhandensein des Wasserstoffs in den gasigen Eruptionen beweist, dass dieser Vorgang sich auf der Sonne in grossartigem Styl vollzieht. Gleichwie man Luft durch einen Ziegelstein hindurchbläst, so presst die Sonnenmasse das Wasserstoffgas durch ihre glühendflüssige Oberflächenschicht.

Wir erblicken also hierin einen weiteren und sehr zuverlässigen Beweis dafür, dass die Oberflächenschicht der Sonne nur aus glühendflüssigem Eisen besteht, welche einen stark comprimirten gasförmigen Sonnenkern einschliesst.

> Wir können daher mit Kirchhoff, die sichtbare Oberfläche des Sonnenkerns als glühendflüssige Schicht ansehen, welche nach unserer Betrachtung das Eisen als Hauptbestandtheil enthält.

Dass der gasförmige Sonnenkern auch die nöthige Dichte besitzt, um als Träger der sehr dicken glühendflüssigen Eisenschicht zu dienen, belehrt die Entdeckung von Cagniard Latour, dass ein Gas, ohne Aenderung des Aggregatzustandes unter der doppelten Einwirkung, des Druckes und der Temperatur, die Dichte einer Flüssigkeit annehmen kann, man nennt dies Verhalten den kritischen Zustand des Gases. Im Sonnenkern herrscht nun zweifelsohne eine ausserordentlich hohe Temperatur und in Folge der bedeutenden Anziehungskraft, befinden sich die Gasmassen auch unter sehr hohem Druck, so dass wir den gasförmigen Sonnenkern als eine Flüssigkeitskugel von sehr geringer Dichte ansehen können.

Ueber die Gleichgewichtsbedingungen eines solchen gasförmigen Weltkörpers, giebt Ritter in seinen „Untersuchungen über die Constitution gasförmiger Weltkörper“ folgende Erklärung, welche ihrer experimentellen Darstellungsweise halber die Bedingungen leichter verstehen lässt: „Man denke sich eine feste Kugelfläche, welche durch Wärmeentziehung oder Wärmezuführung von aussen her, stets auf eine gleiche Temperatur über dem absoluten Nullpunkt erhalten wird und deren innerer Raum zunächst als luftleer zu betrachten ist. In diesen wird nach und nach Luft eingeführt und gleichzeitig sorgt man dafür, dass dieselbe stets im adiabatischen Zustand erhalten bleibt, so wird an der Oberfläche der Gaskugel stets jene Temperatur bestehen bleiben. Anfangs als die eingeführte Luftmasse noch eine sehr geringe Menge betrug, befand sich dieselbe in stark verdünntem Zustande und übte an der Innenseite der festen Kugelfläche einen sehr geringen Druck aus, welcher dem Druck im Mittelpunkt gegenüber keinen bemerkbaren Unterschied zeigte, insofern die Intensität der Gravitationswirkung noch verschwindend klein war. In dem Maasse wie die eingeführte Luftmasse zunimmt, wird sowohl der Druck an der Oberfläche, als auch die Druckdifferenz zwischen Mittelpunkt und Oberfläche allmählig wachsen, insofern der Einfluss der Gravitationswirkung allmählig zur Geltung kommt. Denkt man sich die Kugelschale von der Grösse der Erdmasse, so wird die Fallbeschleunigung an der Oberfläche dieser künstlichen Weltkugel genau so viel betragen, wie an der Erdoberfläche. Umgeben wir nun diese gasförmigen Weltkörper mit einer Atmosphäre von der Höhe, dass sie der Gravitationswirkung folgend, auf die äussere Kugelfläche einen ebenso grossen Druck ausübt, als dieser von innen beträgt, so hat die provisorische Kugelfläche ihren Zweck ausgedient und sie kann von dem Weltkörper entfernt werden, weil die äussere Atmosphäre ihre Stelle vertritt." Das Bestehen gasförmiger Weltkörper ist demzufolge unzweifelhaft.

Nach dem Newton'schen Gravitationsgesetz wächst die Anziehung mit der Zahl der Massentheilchen und nimmt ab mit dem Quadrat der Entfernung oder was dasselbe ist, dichtere Massen werden stärker angezogen und zwar um so mehr, je näher sie dem Mittelpunkt der Anziehungskraft liegen. Ganz in derselben Weise, wie sich nun die verschiedenen Gase und Dämpfe der Sonnenatmosphäre nach dem Verhältniss ihrer specifischen Schwere ablagern, so haben vielleicht ehemals die gasförmigen Stoffe der Sonnenmasse sich um deren Mittelpunkt in concentrischen Höhen erhoben und zwar die leichtesten Gase, unter denen der Wasserstoff den Vorrang besitzt, als äusserste Umhüllung. Etwas tiefer hinab beginnen schon andere Gase bemerkbar zu werden, weiter unten treten zu diesem Gemisch auch die Dämpfe der Leichtmetalle, auf welche die schwereren Dämpfe des Eisens folgen und unterhalb dieser hätten wir wohl die Dämpfe der schwer schmelzbaren Edelmetalle zu suchen. Dies wäre eine ideale Zusammensetzung der Sonne, welche aber in Wirklichkeit gar nicht in dem Umfange besteht, denn die Eisendämpfe sind bereits an der Sonnenoberfläche vorhanden und von den übrigen, metallischen Dämpfen bestehen nur wenige Spuren. Da wir nach dem Vorigen die Sonne als einen gasförmigen Weltkörper von sehr geringer mittlerer Dichte kennen und die Gase und Dämpfe auch im kritischen Zustand untereinander die ihnen zukommenden Unterschiede der Schwere zeigen, so bleibt es immerhin räthselhaft, warum sich auf dem gasförmigen Sonnenkern äusserlich die bedeutend dichtere und schwerere, glühendflüssige Eisenschicht auflegt. Es muss die Gasmasse der Sonne noch eine andere Eigenthümlichkeit zeigen welche verhindert, dass die flüssige Eisenschale in den Sonnenkern eindringt und den Austausch mit den eingeschlossenen Gasen vollzieht, zumal ja die Wasserstofferuptionen dies Bestreben der gegenseitigen Umlagerung erkennen lassen. Gehen wir von der Thatsache aus, dass die Gase und Dämpfe sich nach dem Verhältniss der Schwere übereinander erheben, deren unterste Schicht die Eisendämpfe einnehmen, sämmtlich getragen von der glühendflüssigen Eisenschicht, so können wir den gasförmigen Sonnenkern, in Anbetracht seines bleibenden Aggregatzustandes, nur als eine, gegen die Verschiedenheit der Elemente neutral bleibende Gasmasse erklären. Die Ursache für diese Neutralität ist zweifelsohne nur in der ausserordentlich hohen Temperatur des Sonnenkerns zu suchen, und die wissenschaftlichen Forschungen in dieser Richtung führen zu der Vorstellung, dass alle gasförmigen Elemente in Gegenwart sehr hoher Temperaturen ihren chemischen Character verlieren und bei vorher gemischten Gasen und Dämpfen sind die einzelnen Elemente als solche nicht mehr erkennbar. Die Elemente haben alle einen gleichwerthigen neutralen Zustand angenommen, den man dadurch zu erklären sucht, dass eine weitere Zerlegung der Moleküle bei der im Innern des Sonnenkerns herrschenden, sogenannten Dissociationstemperatur stattfindet. Um anzudeuten, dass in dieser neutralen Zustandsform der Urzustand aller Elemente erreicht worden ist, gebraucht man die summarische Bezeichnung: einatomiges Gas.

Die Dissociation der Elemente begann zuerst im Mittelpunkt der Sonne, nachdem in Folge der Gravitationswirkung die Dissociationstemperatur erreicht war. In dem Maasse wie nun der Sonnenkern durch die Zusammenziehung an Dichte zunahm, erweiterte sich die Zone der Dissociationstemperatur immer mehr und zwar auf Kosten der äusseren, in Glühhitze befindlichen Umhüllung, welche aus einem Gemisch der gasförmigen Elemente bestand. Das Anwachsen des einatomigen Sonnenkerns dauerte so lange fort, als die äussere Umhüllung noch hinreichenden Schutz gegen die Verminderung der ausserordentlich hohen Temperatur bot. Als jedoch die Dissociationswärme nunmehr auch zur Erhaltung der Oberflächentemperatur der Sonne diente, hat der Umfang des einatomigen Kerns sein Maximum erreicht und von jetzt ab beginnt die Periode der

Abkühlung. Es lagerten sich die noch übrig gebliebenen verschiedenen Gase und Dämpfe, nach dem Verhältniss ihrer Schwere bis auf verschiedene Höhen ab und zwar die am schwersten verdampfende Schicht beispielsweise der Edelmetalle zu unterst, durchdrungen von den Eisendämpfen, welche noch ein beträchtliches über jene Schicht hinausreichen u. s. f.

Die fortdauernde Verringerung an Wärme auf der Oberfläche durch die Ausstrahlung in den Weltraum verkleinerte auch allmählig den einatomigen Sonnenkern, die Zone der Dissociationstemperatur wurde enger und diejenigen gasförmigen Stoffe, welche wieder ausserhalb der Dissociationszone traten, d. h. aus dem neutralen Zustand in denjenigen der chemischen Elemente übergingen, bildeten nun einen der Sonnenatmosphäre zugehörigen Theil.

In dieser ersten Periode des Bestehens der Sonnenatmosphäre hat wohl keine scharfe Abgrenzung gegen den Sonnenkern durch eine flüssige Schicht bestanden und die letztere dankt ihrem Entstehen der Katastrophe, welche die Planetenbildung zur Folge hatte. Es wurde dem Sonnenkörper, die gegen zu rasche Wärmeausstrahlung schützende Dampfatmosphäre zu schnell entzogen, als dass sich in gleicher Zeit, durch Umwandlung des einatomigen Gases in die chemischen Elemente, ein Ersatz bildete und die beschleunigte Abkühlung, führte die plötzliche Verdichtung, der noch zurückgebliebenen Atmosphäre herbei, welche nun in den glühendflüssigen Aggregatzustand überging.

Die wenigen Spuren der übrigen metallischen Dämpfe, welche gegenwärtig als tiefste Schicht der Sonnenatmosphäre, auf der glühendflüssigen Oberfläche aufruhen, sind nur die Reste der früheren dampfreichern Atmosphäre und wir können daraus schliessen, dass nachdem die oberen Schichten der leichten Gase und Dämpfe durch die Planetenbildung schon verbraucht waren, selbst die Schicht der Eisendämpfe arg mitgenommen wurde. Auch die dem Eisen gleichkommende mittlere Dichte des jüngsten Planeten Mercur, deutet darauf hin, dass derselbe wohl nur aus Eisen besteht.

Wenn aber die Sonne durch diese Katastrophen ihre Atmosphäre ganz einbüsste, so verblieb ihr sicherlich auch nicht der Wasserstoff und derjenige Wasserstoff, welcher in Verbindung mit dem Sauerstoff das Wasser auf der Erde ausmacht, giebt schon allein ein oberflächliches Bild von der Menge dieses Gases, welches die Erde allein entführte, während die obern Planeten den Wasserstoff in Gestalt von Wasserdampf wohl in noch viel grösserer Menge enthalten.

Die heutige aussergewöhnlich hohe Wasserstoffatmosphäre auf der Sonne kann demzufolge nur ebenso alt sein, als wie die glühendflüssige Oberflächenschicht. Das Anwachsen der Atmosphäre bis auf die jetzige Höhe, ist nur eine Folge der Wasserstoffdiffusion aus dem Innern, und da diese noch fortdauernd anhält, so ist die Wasserstoffatmosphäre in stetigem Wachsen begriffen.

Die Wasserstoffdiffusion hat an sich nichts bedeutungsvolles, sie ist aber für das Bestehen des organischen Lebens auf der Erde von der allergrössten Wichtigkeit. Die Diffusionsgase, welche beim Austritt an die Oberfläche, gewöhnlich einen eruptiven Charakter zeigen, kommen aus grosser Tiefe an und bringen eine nachweislich höhere Temperatur mit, welche sie an ihre Umgebung abgeben. Geschähe die Diffusion nicht, so würde die Sonne an der Oberfläche sehr bald stark abkühlen und dunkel werden, weil die Wärmeleitung der glühendflüssigen Eisenschicht nicht ausreichend ist, um dem Verlust durch Wärmestrahlung an der Oberfläche das Gleichgewicht zu halten. Bei der spätern Behandlung der Sonnenflecke werden wir sehen, dass selbst gegenwärtig geringe Ursachen, eine sichtbare Condensation der glühendflüssigen Oberflächentheile herbeizuführen im Stande sind, um wie viel mehr würde dies geschehen, wenn der glühende Wasserstoff nicht, wie die Gebläseluft in der Bessemerbirne, die glühendflüssige Eisenschicht durchdringt, und dieser das Uebermaass der mitgeführten Wärme abgiebt, während die übrige Wärme der Atmosphäre zu gut kommt, in welcher sich die Eruptionsgase nach ihrem Austritt ausbreiten, und von hier rückwirkend, ebenfalls die Temperatur der Oberflächenschicht erhöhen.

Die Quantität der, durch die Wasserstoffdiffusion, der glühendflüssigen Oberflächenschicht zugeführten Wärme, ist wahrscheinlich constant, denn so weit unsere Temperaturbeobachtungen zurückreichen, hat man keine allgemeine Abnahme in der Wärmestrahlung der Sonne gefunden, folglich können wir annehmen, dass auch die Quantität der eruptiven Gasmassen, nur innerhalb enger Grenzen schwankt. Den Regulator für diesen Gleichförmigkeitsgrad der Sonnenthätigkeit, bildet die glühendflüssige Eisenschicht, sie gestattet einer bestimmten Menge glühenden Wasserstoff, den Durchgang durch die Poren. Wenn jedoch eine geringe Beschleunigung der Diffusion eintritt, etwa durch gewaltsame Pressung von unten her, so kann zwar die Menge des austretenden Gases, innerhalb dieser Zeit eine grössere sein, die Wärmeabgabe an die Eisenschicht bleibt aber immer dieselbe und nur die Atmosphäre dürfte in einer grössern Helligkeitszone die vermehrte Diffusion anzeigen.

Es ist ferner das fast alleinige Vorkommen des Wasserstoffs in der Sonnenatmosphäre von grosser Bedeutung für die Erhaltung des gegenwärtigen Zustandes der Sonne. Würde sich nämlich daneben eine entsprechende Menge Sauerstoff vorfinden, so wäre es nicht unmöglich, dass ein dichter Wasserdampfmantel an dem äussersten Umfang der Sonnenatmosphäre entsteht, welcher störende Verdunkelungen herbeiführt. Gegenwärtig ist eine solche Gefahr nicht vorhanden und die wolkenartigen Gebilde, welche auf der Sonnenoberfläche sichtbar sind, sind nur die Reste der metallischen Dämpfe. Ob aber in der Uebergangsschicht der chemischen Elemente, zwischen der äussern Dissociationsgrenze des einatomigen Kerns und der glühendflüssigen Eisenschicht, ebenfalls freier Sauerstoff vorhanden und in welchem Verhältniss er beispielsweise zum eingeschlossenen Wasserstoff besteht, lässt sich nicht sogleich beantworten. Für das Verbleiben desselben dürfte vielleicht die Annahme die richtige sein, dass der Sauerstoff sich mit dem Eisen verbindet und als Eisenoxyd die glühendflüssige Schicht verunreinigt, während die eruptiven Gase einen grossen Theil dieser specifisch leichten Verbindung an die Oberfläche emporführen wo sie theilweise Bestandtheile der Schlackenschollen bilden. Diese Beihülfe zur Verschlackung erscheint ausserordentlich gering, als dass wir daraus eine Gefahr für den Zustand der Sonne ableiten können und wir dürfen der Sonnenatmosphäre noch eine wichtige Eigenschaft beilegen, indem wir sagen, der Wasserstoff conservirt auch die Sonnenoberfläche auf das beste seit vielleicht schon vor millionen Jahren und sichert auf ebenso lange Zeiträume hinaus das Bestehen der Sonnenoberfläche in ihrer gegenwärtigen Gestalt.

Es kann diese Periode die Eisenzeit der Sonne genannt werde, welcher der dampfförmige Zustand voranging und die Incrustation durch Verschlackung zur Folge haben wird. Diese Veränderungen treffen freilich nur die Sonnenoberfläche, welchen bei hinreichender Stabilität ihrer jedesmaligen Zustandsform, der einatomige Gaskern keine ernstlichen Hindernisse entgegenzusetzen scheint. Eine zweimalige Aenderung der Zustandsform auf der Oberfläche hat der Sonnenkern schon über sich ergehen lassen und an unserer Erde sehen wir, dass auch die Incrustation einer ganz dünnen Oberflächenschicht bestehen kann, wobei es ganz gleichgiltig ist, ob der eingeschlossene Kern sich im flüssigen oder gasförmigen Zustand befindet. Die periodisch auftretenden Sonnenflecke zeigen allerdings die Physiognomie einer beginnenden Incrustation, das spätere Verschwinden der Sonnenflecke deutet aber darauf hin, dass wir es hier nur mit einer lokalen Erscheinung zu thun haben, die nicht sobald eine Ausdehnung über die ganze Sonnenfläche gewinnen kann, denn im andern Fall wäre eine Ansammlung der Flecke, im Laufe eines Jahrhunderts schon, hinreichend, um eine Verdunkelung der Sonne herbeizuführen.

Unsere Sonnenfleckenbeobachtungen reichen bis zu 2000 Jahren zurück und hätte demnächst schon, die gänzliche Incrustation der Sonne stattfinden können. Da aber dies nicht zutrifft, so wie auch eine Wärmeabnahme der Sonne bisher nicht bemerkbar gewesen ist, so liegt die Möglichkeit der Erkaltung unserer natürlichen Wärmequelle auch unendlich weit entfernt.

Unsere Erklärung der Sonne fassen wir nach dem Vorigen in folgender Form zusammen:

> Die Sonne besteht aus einem einatomigen Gaskern, dessen Oberfläche eine glühendflüssige Eisenschicht bedeckt, welche von intensiv glühendem Wasserstoffgas (das aus der allmähligen Umwandlung der obersten Schichten des einatomigen Kerns in die Zustandsform der chemischen Elemente, hervorgeht) vermöge seiner Diffusionsfähigkeit, vorzugsweise in eruptiver Gestalt durchdrungen wird.

> Durch die Diffusion des glühenden Gases, wird nicht allein auf directem Wege die glühendflüssige Oberflächenschicht auf eine gleiche Temperatur erhalten, sondern auch indirect durch die darüber lagernde glühende Wasserstoffatmosphäre und das chemische Verhalten der letztern zum glühenden Eisen, schliesst die nahe Gefahr der äussern Verschlackung aus, während die dunkeln Sonnenflecke eine periodisch auftretende, locale Erscheinung sind, deren Einfluss auf die Wärmeabgabe der Sonne, nur von untergeordneter Bedeutung ist.

Die atmosphärischen Lichterscheinungen auf der Sonne.

Wir wenden uns nun den Erscheinungen auf der Sonnenoberfläche zu und beginnen mit den Lichterscheinungen ihrer
Atmosphäre. Die ersten eingehenden Beobachtungen dieser Art
auf der Sonne, geschahen meist nur bei totalen Sonnenfinsternissen, weil dann die tief schwarze Mondscheibe die blendende
Sonne verdeckt und die an ihren Rändern auftretenden Lichterscheinungen genauer untersucht werden konnten. Die dunkele
Mondscheibe ist in diesem Falle stets von einer Glorie, der
„Corona" umgeben, welche sich aus unregelmässigen mächtigen Strahlenbüscheln zusammensetzt. Der innere Theil der
Corona erscheint in perlweissem Licht und besitzt eine scheinbare Breite von 3 bis 4 Bogenminuten[1]) oder 17000 bis
23000 geogr. Meilen, Young nennt denselben auch die Leu-
kosphäre und soll sie sich oft bis zu der Höhe von 60000 geogr.
Meilen erheben. Die äussere Begrenzung bildet ein matter
Lichthof, der sich allmählig in den Weltraum verliert. Aus
der Corona brechen weniger helle Strahlenbüschel hervor,
welche den Lichthof durchziehen, oft von der Höhe, welche
dem mehrfachen Durchmesser der Sonne gleichkommt; diese
zeigen sehr deutlich an, bis zu welcher Höhe sich die glühende
Atmosphäre, als ein sichtbarer Träger des Lichts erhebt.

---

[1]) Der mittlere Werth der scheinbaren Grösse des Sonnendurchmessers
ist 32 Bogenminuten und $2^{1}/_{2}$ Bogensecunden, entsprechend dem berechneten
Durchmesser von 186700 geogr. Meilen. 1 Bogensec. $=$ 97,1184 geogr. Ml.

Das Spectrum der Corona ist im Vergleich zum Sonnenspectrum zwar äusserst lichtschwach, aber ebenfalls continuirlich und beweist bei dem Mangel an Fraunhoferschen Linien, dass das Licht der Corona, von den glühenden Gasen selbst ausgeht und nicht, wie man früher glaubte als ein Reflexlicht der Sonne auf den Rand der Mondscheibe zu betrachten ist. Wäre bei Sonnenfinsternissen die Corona der Mondscheibe eigenthümlich, so würde sie sich beim Vorübergang des Mondes über die Sonne mit demselben fortbewegen, was aber nicht geschieht, sondern sie nimmt eine feste Stellung zur Sonnenscheibe ein. Nach einer andern Annahme glaubte man die Corona als ein permanentes Polarlicht der Sonne deuten zu können, welcher Lockyer mit der Erklärung entgegentritt, dass zwar der Eisendampf sehr häufig darin erkannt wird, welcher bekanntlich als Bestandtheil unserer Atmosphäre in Gestalt von kosmischem Staub, beim Erscheinen unseres Polarlichtes auch eine grosse Rolle spielt, jedoch wird die Corona nicht zu jeder Zeit gesehen, was sonst geschehen müsste. Es scheint demnach nur möglich, dass das Licht der Corona von dem glühenden Wasserstoff ausgeht.

Neuerdings ist es Huggins zuerst geglückt, die Corona bei hellem Sonnenschein zu photographiren, während dies bisher nur bei Sonnenfinsternissen möglich war. Die wenigen Sonnenfinsternisse, welche im Laufe der Zeit eintreffen, konnten nur ein dürftiges Beobachtungsmaterial liefern, welches aber trotzdem hinreichend war zu erkennen, dass das Aussehen der Corona innerhalb der 11jährigen Fleckenperiode[1]), gewissen Aenderungen unterliegt.

Die Spectraluntersuchungen haben ferner gezeigt, dass die Sonne mit einer stark leuchtenden Hülle umgeben ist, deren Bestandtheile mit denen der gasigen Eruptionen eine grosse

----

[1]) Siehe auch Seite 81.

Uebereinstimmung zeigen, und diese nur als locale Anhäufungen in jener leuchtenden Hülle zu betrachten sind. Lockyer nennt diese Hülle die „Chromosphäre" und schätzt deren Höhe auf 1000 bis 1500 geogr. Meilen[1]), sie bildet zwar die untere Schicht der leuchtenden Atmosphäre, geht aber nicht bis auf die Sonnenoberfläche hinab, sondern ist von dieser noch durch eine wenige hundert Meilen dicke Schicht getrennt, welche die glühende, wolkige, dunstige oder nebelartige „Photosphäre" bildet. Die Photosphäre enthält alle die metallischen Dämpfe, welche die Absorptionslinien erzeugen, wie sie von Kirchhoff nachgewiesen, sie bilden gewissermaassen den Bodensatz der glühenden Chromosphäre, welche sich darüber ausbreitet und deren Bestandtheil hauptsächlich der Wasserstoff ist. Die Chromosphäre ist nach Lockyer nicht an allen Punkten auf der Sonnenoberfläche gleich stark vertheilt, sondern an denjenigen Stellen wo gasige Eruptionen aufzutreten pflegen, hat sie eine grössere Höhe, während an andern Stellen nur einzelne Anhäufungen bestehen. Nach Spörer zeigt die Chromosphäre in ihrem Auftreten einen doppelten Charakter. Während sie im allgemeinen matt erscheint und eine wellige Oberfläche hat, wird bei der „flammigen" Chromosphäre eine sehr grosse Intensität und die Bildung scharfer Spitzen beobachtet. Da die Chromosphäre die Uebergangsstufe zwischen den eruptiven glühenden Gasgebilden und der Wasserstoffatmosphäre der Sonne einnimmt, so ist ihre Intensität abhängig von der Menge des austretenden Gases. Der Austritt des Gases findet aber nicht an allen Stellen der Sonnenoberfläche gleichmässig statt und daher wechselt das Aussehen der Chromosphäre mit der Zahl und Grösse der gasigen Eruptionen. Das flammige Aussehen der Chromo-

---

[1]) Man ist allgemein übereingekommen, die Höhe der Chromosphäre zu 24 Bogensecunden (etwa 2300 geogr. Meilen) festzusetzen.

sphäre pflegt meistens schon da einzutreten, wo sich eine gasige Eruption niederer Stufe vorzubereiten scheint; gewöhnlich ist es aber dort anzutreffen, wo eine Eruption bereits aufgetreten war. Nach Spörer besteht der flammige Character der Chromosphäre nachher noch in dem Maasse, dass letztere beinahe die Bezeichnung einer flammigen Eruption verdient.

Ferner haben Tacchini und Lockyer zuerst in der Chromosphäre grosse, besonders hervortretende Lichtgebiete entdeckt, welche namentlich bei ihrer Lage in der Nähe des Sonnenrandes recht bemerkbar waren. Die vermehrte Lichtintensität rührt her von den metallischen Beimengungen der Chromosphäre, welche hier sich über die Höhe der Photosphäre erheben und hauptsächlich tritt Magnesium darin auf. Daher nennt Tacchini diese helleren Gegenden auch „Magnesiumgebiete“. Die Magnesiumgebiete erscheinen demzufolge als eine Ueberlagerung über die Photosphäre und zum Unterschied gegen jene nennt Tacchini die unbedeckten Stellen die „Eisengebiete“, welche das normale Aussehen der Chromosphäre zeigen.

Die eruptiven Lichterscheinungen auf der Sonne.

Bei der telescopischen Durchmusterung der Sonnenoberfläche, fallen dem Beobachter zunächst eine Menge kleiner
heller Pünktchen auf, welche bald eine rundliche, bald eine
längliche Gestalt haben und eine sehr verschiedene Grösse besitzen. Dazwischen winden sich dunkele Poren und Fäden,
so dass die Sonnenoberfläche ein granulirtes Aussehen erhält,
oder wie von anderen Beobachtern empfunden, erscheint die
Sonne wie mit einem dunkeln Netzwerk überzogen, dessen
helle Maschen jene leuchtenden Pünktchen ausfüllen. Nasmyth
nennt die hellen Theile ihrer länglichen Gestalt halber, auch
Weidenblätter, während Daves sie mit ausgezackten Stroh-
halmen (Häcksel) vergleicht, der auf eine Fläche dünn aus-
gestreut wird; Huggins nennt sie einfach Körner und im
allgemeinen heisst diese Erscheinung die „Granulation"
der Sonne. Diese hellen Pünktchen bilden den Sitz für die
Leuchtkraft der Sonne und erscheinen als die Gipfel kleiner
Erhöhungen auf der Sonnenoberfläche, nach Daves und dem
älteren Herschel geben sie der Sonne das narbige Aussehen
einer Orange. Auch der Vergleich von Secchi, welcher die
Sonnenoberfläche einem rauhen Löschpapier ähnlich findet,
wenn man dieses unter dem Mikroskop betrachtet, entfernt
sich nicht zu weit von jener Vorstellung. Die Photographie
hat für die Beobachtung der Granulation ebenfalls wesentliche
Dienste geleistet und zwar hat Janssen Aufnahmen von der

Sonnenscheibe gemacht, welche ein Sonnenbild von 30 Centimeter zeigen und die Einzelheiten unter der Loupe hinreichend erkennen lassen, derselbe gelangte zu dem Schluss, dass das Leuchtvermögen der Sonne, nur in diesen Oberflächenpunkten liegt und würden diese die Sonne gänzlich bedecken, so wäre ihr Leuchtvermögen wohl zehn bis zwanzig Mal bedeutender als jetzt.

Die Erklärung für die Granulation lässt sich nach unseren bisherigen Betrachtungen, ebenfalls auf das Zusammenwirken der intensiv glühenden Wasserstofferuptionen mit der glühend-flüssigen Eisenschicht zurückführen. Die Granulation bildet die niedrigste Stufe der Eruptionen, welche weder massenhafte Gase austreten lassen, noch diese mit grosser Heftigkeit an die Oberfläche gelangen, sondern sie rieseln wie ein Quell aus der Oberflächenschicht hervor und zeigen einen ruhigen Verlauf. Man wird den Eruptionen dennoch einen vulkanartigen Character zuschreiben müssen, welche unsere irdischen Vulkane alle in den Schatten stellen, aber sie bleiben weit hinter den übrigen Eruptionen zurück, welche wir weiter unten kennen lernen. Die Kuppe einer solchen Erhebung besteht aus den intensiv leuchtenden Dämpfen, welche die Wasserstoffströme aus dem Innern emporführen, und da die Strömungsintensität eine geringe ist, weil der leuchtende Krater nur die Mündung vieler Wasserstoffadern in geringem Umkreise bildet, so werden sich sowohl der Wasserstoff als auch die glühenden leuchtenden Dämpfe, wie ein lavaartiger Strom in mächtigen Wellen um den Krater herum ausbreiten und die Erscheinung eines hellleuchtenden Fleckens hervorrufen. Die übrige Sonnenoberfläche erscheint durch den Contrast etwas dunkler und ruft daher deutlich die Erscheinung hervor, als bilde sie ein dunkeles Netz, in welchem die Granulation als helle Maschen auftritt.

Dass der Austritt der glühenden Diffusionsgase nicht so

regelmässig geschieht, um diese Wirkung mit einem Durchblasen zu vergleichen, dürfen wir wohl annehmen, denn wenn die Gastheilchen von innen her in die Poren der flüssigen Eisenschicht auch unter hohem Druck eintreten und energischen Nachschub erhalten, so verringert sich die Intensität ihres Auftriebes in dem Maasse, als wie die noch zu durchdringende Schicht an Dicke abnimmt. Ganz in ebendemselben Maasse werden sie aber im Aufsteigen sehr leicht durch ein Hinderniss aufgehalten oder von ihrer Richtung abgelenkt, was häufig geschieht durch einzelne verdichtete Theile der flüssigen Oberfläche; diese Ursache tritt noch ausgebildeter auf bei den weiter unten angeführten Lichterscheinungen. Die Ablenkung der aufsteigenden Gastheile geschieht in geringer Tiefe, im Umkreise einer Austrittsstelle. Sobald eine grössere Menge des glühenden Gases zum Ausbruch gelangt, entsteht eine Mündung in der flüssigen Schicht, welche sich bis in die Tiefe verjüngt fortsetzt und durch das austretende Gas offen gehalten wird. Rings herum bis in die Tiefe, entsteht um diesen Krater eine Zone niederen Druckes, weil die in den Poren des flüssigen Eisens eingeschlossenen Wasserstoffgase, in nächster Umgebung des Kraters einen Abfluss nach oben finden, ohne dass sie den, noch darüber lagernden Theil der Eisenschicht zu durchdringen brauchen. Auf diese Weise braucht die Quelle der Eruption gar nicht so tief in der flüssigen Eisenschicht hinabgehen, weil ihre Speisung nicht allein von unten her geschieht, sondern auch von allen Seiten. Wir können die Quellenadern und Zuflüsse mit dem Wurzelstock eines Baumes vergleichen, dessen Wurzelfasern, jenen Adern vergleichbar, ihre Säfte rings um den Wurzelstock herum, dem Erdboden entnehmen, um sie gemeinsam nach dem Stamm zu führen.

Die Bildung der Granulationskuppen ist daher keine zufällige und ihre Zahl scheint nicht durch besondere Einflüsse

beschränkt zu sein, so dass mit ihr auch die Menge der Lichtpunkte dieselbe bleibt. Unsere Erklärung für diese Erscheinung ist folgende:

> Die Granulation besteht aus erhabenen Punkten von
> grösster Helligkeit, auf der, durch den Lichtcontrast etwas
> dunkler erscheinenden Sonnenoberfläche, welche als die An-
> häufung eruptiver Gasmassen zu betrachten sind, die nur
> bei geringer Geschwindigkeit in Gestalt einer Quelle an die
> Oberfläche treten und sich rings um die Austrittsstelle aus-
> breiten.
>
> Die grosse Beweglichkeit der Granulation rührt daher,
> dass die Austrittsstelle in der bewegten glühendflüssigen
> Oberflächenschicht fortwährend verschoben wird.

Befinden sich mehrere solcher Vulkane dicht neben einander, oder beginnt die Eruption in stärkerem Maasse, so dass
zwar eine grössere Menge glühendes Gas austritt, aber ebenfalls mit geringer Intensität, so werden die Eruptionsmassen
in stärkeren Fluss gerathen und auch von einer mächtigeren
Flammenerscheinung begleitet sein, es bilden sich dann häufig
Feuerströme, oft von gewundener Form, als ob eine im Auf-
lodern befindliche glühende Masse, dem Feuerstrom den Weg
vorzeichnet. Häufig sind auch ganze Flächen von diesem
Flammenmeer bedeckt, was darauf hindeutet, dass eine Reihe
kleiner Vulkane sich dicht nebeneinander befinden und die
flammigen Eruptionsmassen nach ihrem Ausbruch in einander zerfliessen. Man nennt diese Erscheinung die „Sonnenfackeln“. Nach Spörer kann man die Sonnenfackeln als
flammige Gebilde sehr gut erkennen, wenn sie in einer gewissen Entfernung vom Sonnenrand auftreten. Die intensiv
leuchtenden Flammengipfel heben sich dann als solche (in
schräger Richtung zu ihrer Stellung gesehen) von den matter
leuchtenden, thalförmigen Vertiefungen des Flammenmeeres
deutlich in scharfen Umrissen ab. Auch bei ihrem Erscheinen
auf dem Sonnenrand, erkennt man sie deutlich als Flammen

von geringer Höhe. In ebenso grosser Deutlichkeit erscheinen sie in der Mitte der Sonnenscheibe, hauptsächlich in der Nähe der Sonnenflecke und namentlich der kleineren, als deren stetige Begleiter und Vorboten sie nach Secchi zu betrachten sind. Wenn an einer Stelle eine umfangreiche Fackelnbildung eintritt, so ist hier auch gewöhnlich eine Fleckenerscheinung zu erwarten und kranzartig angeordneten Fackeln folgt stets nach einigen Tagen ein Flecken oder eine Fleckengruppe.

Die Flecken bilden also diejenigen Hindernisse, welche die Eruptionsgase beim Austritt an die Oberfläche ablenken, d. h. durch ihre Bedeckung vieler Granulationskuppen zwingen sie die eruptiven Gase, neben dem Fleckenrand auszubrechen und wir erblicken hier schon einen Hinweis auf die „dichtere Masse" der Flecke. Nach Spörer besteht zwischen den Fackeln und Flecken ein völlig paralleler Gang, indem die Häufigkeit beider Erscheinungen zusammenfällt, daneben giebt es aber auch noch Fackelbezirke ausserhalb der Fleckenzonen und selbst an den Rändern der Polarzonen besteht eine merklich hellere Granulation, welche den Anspruch auf die Fackelerscheinung macht, wiewohl dort keine Flecke sichtbar sind. Andere charakteristische Eigenthümlichkeiten zeigen die Fackeln nicht und wir betrachten sie nur als eine Uebergangsform zu den folgenden Lichterscheinungen, welche die letzte Stufe der Eruptionsgebilde einnehmen.

Unsere Erklärung für die Fackeln ist folgende:

> Die Fackeln bilden die zweite höhere Stufe der gasförmigen Eruptionen, welche einmal aus der Vereinigung vieler Granulationscentren in geringer Tiefe hervorgehen, und am häufigsten durch die Absperrung vieler Wasserstoffadern von einem „Flecken" hervorgerufen werden.

Eine dritte Gattung der gasförmigen Eruptionen sind die, häufig springbrunnenartig hervorbrechenden glühenden Wasserstoffstrahlen, welche die Höhe von wenigen tausend Meilen erreichen, oft aber bis zu 20 000 Meilen und höher ansteigen, man nennt sie insgesammt die „Protuberanzen". Dieselben besitzen sehr mannigfache Formen und zwar hat die grösste Zahl eine grosse Aehnlichkeit mit einem unter hohem Druck aus enger Mündung austretenden Wasserstrahl, was darauf hindeutet dass deren Quelle sehr tief in der flüssigen Eisenschicht liegt. Der glühende Gasstrahl steigt auch nicht immer senkrecht zur Oberflächenschicht auf, sondern sehr häufig unter verschiedenen Neigungen, in diesem Falle stürzt das Gas oft in mächtigen glühenden Tropfen auf die Sonne zurück. Nicht selten erscheinen die mächtigen Gasstrahlen nach dem ersten Augenblick ihres Auftretens wie zerfasert, so dass sie das Aussehen von seltsamen phantastischen Pflanzenformen erhalten. Man sucht diese Umwandlung gewöhnlich der stürmischen Sonnenatmosphäre zuzuschreiben, dieselbe ist jedoch nur auf die sehr hohe Spannung des eruptiven Wasserstoffgases zurückzuführen, welche den geschlossenen Strahl in der Sonnenatmosphäre, in Gegenwart des geringeren Drucks vollständig zertrümmert. Wenn dieser Ausdruck vielleicht mit Rücksicht auf den schnellen Verlauf ähnlicher irdischer Vorgänge nicht angemessen erscheint, so lässt sich dagegen nur anführen, dass die Dicke der sichtbaren Protuberanzen zwischen wenigen hundert und oft einigen tausend Meilen schwankt und die Dauer von einer halben Stunde für die Zertrümmerung einer circa mehrere hundert Meilen dicken Protuberanz, wie sie Lockyer (1869) beobachtet, durchaus nicht zu hoch angeschlagen ist.

Eine sehr grosse Zahl der Protuberanzen hat eine wolkenartige Gestalt, auch bergige Anhäufungen treten sehr viel auf, deren Gipfel nach Art eines Vulkans, glühende Wolken ausstossen. Diese Anhäufungen haben sehr viel Aehnlichkeit mit den Fackeln und überragen diese nur an Höhe.

Diese Verschiedenheit der Formen liess schon Zöllner

eine Eintheilung treffen, nach welcher die dampf- oder wolkenförmigen Protuberanzen von den eruptiven Protuberanzen zu trennen sind. Diese erste Gattung der Protuberanzen steigt nur aus geringer Tiefe auf und ist die Folge der gleichmässiger vertheilten schwächeren Eruptionen, sie bestehen demnach auch meist aus reinem Wasserstoff. Die eruptiven Protuberanzen brechen heftig hervor und führen sehr viele metallische Dämpfe mit, welche bei ihrem Durchbruch durch die glühende Eisenschicht an der Berührungsstelle mit dem intensiv glühenden Wasserstoffgas entstehen. Die eruptiven Protuberanzen erhalten durch diese glühenden metallischen Beimengungen, ein flammiges Aussehen, und besitzen eine intensive Leuchtkraft, welche sie selbst auf der Mitte der hellen Sonnenscheibe erkennen lässt, während die übrigen Protuberanzen, welche nur reinen Wasserstoff enthalten, eine rosenrothe Farbe zeigen. Spörer theilt demzufolge diese Eruptionsgebilde ein in flammige (eruptive) und Wasserstoff- (dampf- oder wolkenförmige) Protuberanzen.

Das Entstehungsgebiet der Protuberanzen ist am deutlichsten ausgesprochen in den niedern heliographischen Breiten, d. h. in der Fleckenzone, während ausserhalb derselben, sich ihr Auftreten verringert, jedoch tritt an den Grenzen der polaren Zonen wieder eine Steigerung ein, welche sogar ein Protuberanzen-Maximum erkennen lässt. Die Zone dieses Maximums schwankt zwischen dem 50. bis 80. Grad nördl. sowohl als südl. Breite und liegt der oberen Grenze gewöhnlich näher.

Es ergiebt sich ferner, wie Respighi und Secchi zuerst wahrgenommen haben, dass innerhalb der Fleckenzone die Protuberanzen einen sehr schnellen Verlauf zeigen, so dass dem Beobachter selten viel Zeit übrig bleibt, welche zur eingehenden Beobachtung erforderlich ist. Häufig dauert die Erscheinung nur wenige Minuten lang, während die, in hohen Breiten auftretenden Protuberanzen, oft tagelang sichtbar bleiben und danach der Versuch gemacht wurde, mit ihrer Hülfe die Rotationsdauer der Sonne zu bestimmen.

Die Häufigkeit der Protuberanzen fällt nicht allein mit der Häufigkeit der Flecke zusammen, sondern es sind beide Erscheinungen sogar eng verbunden, indem innerhalb der Fleckenzone die Protuberanzen jedesmal in der Nähe eines Fleckens auftreten. Oft ist der Fleck vor dem Ausbruch einer Protuberanz nicht sichtbar, sondern erst später, so dass nach Spörer die Protuberanzen, imbesondern die flammigen, niemals zu fehlen scheinen, wo grossartige Neubildungen und Umformungen von Fleckengruppen stattfinden. Ja in einzelnen Fällen konnte mit Hülfe der Rechnung nachgewiesen werden, dass die eruptiven Protuberanzen sich an derselben vorher zeigten wo später sich Flecke bildeten.

Ein Zusammenhang zwischen den Flecken und Protuberanzen ist also unstreitig vorhanden und da die Protuberanzen mit den Fackeln nahe verwandt sind, die letzteren aber an die Flecke gebunden scheinen, so ist die Beziehung der Protuberanzen zu den Flecken noch deutlicher ausgesprochen. Der Einfluss der Flecke kann nur auf eine Ansammlung der glühenden Gase in der Tiefe hinwirken, aus welcher diese alsdann mit grosser Gewalt hervorbrechen und in schlanken Strahlen an die Oberfläche treten.

Secchi beschreibt den Ausbruch von eruptiven Protuberanzen folgendermaassen: „Der Eruption geht ein Haufen oder unregelmässiger heller Dom voraus, zu welchem die Chromosphäre sich erhebt, nach und nach steigt der Gipfel des Domes, es zeigen sich Strahlen und ihnen folgen parabolische Bogen eruptiver Masse, welche auf die Sonne zurückfallen. Der grösste Theil der in die Höhe gehobenen Massen zerstreut sich in die Atmosphäre, löst sich in derselben auf, und verliert ihren Glanz, zum Schluss bleibt noch ein kleiner Strahl, ohne das frühere glänzende Aussehen, der endlich. auch erlischt.“

Dieser Vorgang lässt erkennen, dass selbst die eruptiven Protuberanzen nicht aus so grosser Tiefe zu entspringen scheinen, als man ihrem Charakter nach geneigt ist anzunehmen, durch den allseitigen Druck der specifisch schweren flüssigen Eisenmasse, welche die eruptiven Gase in blasenartigen Ansammlungen einschliesst, werden sie aber zu den ungeheuren Höhen empor getrieben. Bei diesem heftigen Ausbruch werden durch die Berührung des glühenden Gases mit dem geschmolzenen Eisen, Theile des letzteren, so wie dessen metallische Beimengungen in Dampf verwandelt und mitgerissen, doch fallen selbst in der aufsteigenden Protuberanz die schweren Dämpfe sehr bald zurück und erreichen nie die Höhe des Wasserstoffgases; nur ein noch unbekanntes leichteres Gas D_3 genannt, weil es im Spectrum die Linie D_3 als Bezeichnung erhalten, steigt mit hinauf. Es ist dies die einzige gasige Beimengung der eruptiven Gase, welche die flammigen Protuberanzen enthalten. Die wolkigen Protuberanzen enthalten reinen Wasserstoff und zwar aus dem Grunde, weil deren Verlauf ruhiger ist und der Wasserstoff zur Filtration in der Eisenschicht hinreichend Zeit findet. Die wolkigen Protuberanzen nehmen gewöhnlich eine sehr grosse Grundfläche ein und können auf ein langsames Hervorquellen des Wasserstoffgases zurückgeführt werden, letzteres reisst noch die um die Ausbruchstelle stärker angehäufte Chromosphäre mit hinauf und ruft dadurch den Eindruck hervor, als thürme sich das glühende Gas berg- oder wolkenartig auf. Den Gipfel dieses Feuerbergs bildet allerdings die Protuberanz und häufig löst sich von demselben eine frei schwebende Feuerwolke ab, welche emporgeschleudert wird und sich in der Höhe auflöst, oder bisweilen auch auf die Abhänge des glühenden Feuerberges sich niedersenkt.

Derartige glühende Wolken, „Sonnenwolken" genannt, sind keine seltene Erscheinung und Young berichtet über eine solche, welche am 7 Sepbr. 1871 sichtbar war. Dieselbe zeichnete sich aus durch ihre ungeheure Grösse, sie besass etwa 20000 geogr. Meilen Länge, 12000 Meilen Breite und lagerte 3600 Meilen hoch über der Chromosphäre. Von unten her wurde sie durch einige helle Wasserstoffsäulen gespeist und erhielt sich etwa seit 24 Stunden mit wenigen Veränderungen. Als nach halbstündiger Unterbrechung um 12 Uhr 55 Min. die Beobachtung wieder aufgenommen wurde, war die ganze Wolkenmasse buchstäblich in Fetzen zerrissen. Anstatt der rosigen Wolke sah man die Sonnenumgebung angefüllt mit umherfliegenden Trümmern, die an den Stellen der früheren Säulen dichter bei einander standen. Man konnte ihr Steigen mit dem Auge verfolgen und um 1 Uhr 5 Min. waren einzelne Wolkenfetzen etwa 40000 geogr. Meilen hoch über die Sonne gestiegen. Die Geschwindigkeit des Aufsteigens betrug 25 geogr. Meilen (116 engl. Ml.) in der Secunde, eine Schnelligkeit und Höhe, die man bisher an der Chromosphäre noch nicht beobachtet hatte. Je weiter die Fetzen in die Höhe stiegen, desto mehr erblassten sie und um 1 Uhr 15 Min. zeigten nur einige fadenförmige Bündel, mit einigen hellen Strömen tief unten in der Chromosphäre, den Ort der frühern mächtigen Wolke.

Die grosse Geschwindigkeit der aufsteigenden Wolkenfetzen ist nicht überraschend, denn Lockyer hat auch die Geschwindigkeit des Gases in den aufsteigenden Protuberanzen zu 25 geogr. Meilen in der Secunde gefunden.

Eine fernere Eigenthümlichkeit zeigen die gerade aufsteigenden eruptiven Protuberanzen, dass sie in der Höhe von etwa 20000 geogr. Meilen an der Spitze eine scharfe Umbiegung, eine Knickung des Gipfels erleiden, welche wie der Arm eines Wegweisers, nach dem nächsten Pol zeigt. Man nennt diese die Helmbüsche und hat sie nur bei denjenigen Protuberanzen gesehen, welche innerhalb der Fleckenzonen auftreten. Die Ursache dieser Erscheinung ist auf das Bestehen einer Strömung zurückzuführen, welche vom Aequator nach dem Pol gerichtet ist. Aus den Beobachtungen von Spörer und Secchi ergiebt sich jedoch, dass zur Zeit des Fleckenminimums diese Strömung in den höhern Regionen aufzuhören scheint, weil oft ganz schlanke Wasserstoffsäulen an ihrer Spitze keine Ablenkung zeigten.

Fassen wir die Erörterungen über diese Lichterscheinung zusammen, so gelangen wir zu folgendem Schluss:

Unter Protuberanzen versteht man alle Wasserstoff-Eruptionen, welche die Fackeln überragen und theilt sie, ihrem Aussehen nach in zwei Gruppen:

1. Eruptive oder flammige Protuberanzen, welche springbrunnenartig hervorbrechen und in Folge metallischer Beimengungen von intensiver Helligkeit sind.
2. Wolkige oder Wasserstoffprotuberanzen, die als locale Anschwellung der Chromosphäre erscheinen und einen ruhigeren Verlauf nehmen, dem zufolge sind sie von den metallischen Beimengungen frei und zeigen eine rosenrothe Farbe.

Die Beobachtungen von Sonnenflecken.

Das Aussehen der Sonnenflecke, ihre Gestalt und Grösse.

Die Sonnenflecke erscheinen als dunkele, nicht tiefschwarze Flecke von unregelmässiger Gestalt und Grösse auf der leuchtenden Sonnenoberfläche, sie sind gewöhnlich mit einem mattgrün leuchtenden Hof, von regelmässiger Breite umgeben, welcher in seinen Umrissen die Proportion des dunkeln innern Fleckens wiedergiebt. Man nennt den inneren dunkeln Theil den Kernfleck und den leuchtenden Hof den Halbschatten. Die Färbung des Halbschattens ist ungefähr mit der grauen Färbung des Mondes zu vergleichen, doch ist dieselbe nach den Beobachtungen von Secchi bisweilen auch röthlich. Der Halbschatten besteht aus wolkenartigen Massen, welche strahlenförmig den Kernfleck umgeben, und nach Langley ist der Vergleich der Halbschattenfasern mit den Cirrusfasern unserer Atmosphäre sehr bezeichnend. Die dem Kernfleck zugekehrten Enden dieser strahligen, meist eine Wirbelbewegung zeigende Wolken, laufen in scheinbar nach aufwärts gerichtete Spitzen aus, welche eine grössere Helligkeit besitzen, der Kernfleck erscheint daher wie von vielen Lichtpunkten eingerahmt. Zwischen den Wolkenfasern entstehen häufig Poren von länglicher Gestalt, welche den Einblick bis auf den dunkeln Kern hinab gestatten. Der Kernfleck ist daher als im Grunde liegend zu betrachten und erhebt sich der Halbschatten nach den Messungen von Wilson,

Tacchini und Secchi höchstens 800 geogr. Meilen darüber, weshalb man sich sehr leicht der Täuschung hingeben kann, dass die Sonnenflecke reelle Löcher oder auch nur Vertiefungen sind mit dunkelm Boden, welcher von der Halbschattenwand eingefasst ist, umgeben von der leuchtenden Chromosphäre. Wenn nämlich die Sonnenflecke nach ihrem Erscheinen sich der Sonnenmitte nähern, so nehmen sie auf der kugelförmig gestalteten Sonne dem Beobachter gegenüber verschiedene geneigte Stellungen ein, welche den Eindruck hervorrufen als ob man in ein offenes Gefäss, über dessen Rand schräg hineinsieht. Bei sehr niedrigem Gesichtswinkel, erblickt man nur einen Theil der gegenüberliegenden inneren Gefässwand, sieht man unter fortwährend steiler ansteigendem Winkel hinein, so tritt die gegenüberliegende Gefässwand allmählig bis zu ihrer vollen Höhe dem Beobachter entgegen und bei grösserer Neigung wird auch schon ein länglicher Streifen des Gefässbodens sichtbar, welcher fortwährend anwächst und in gleichem Maasse sich auch die sichelförmig erscheinende Gefässwand vergrössert, bis diese auch auf der dem Beobachter zugekehrten Seite den Gefässboden mit ihrer Fläche umrahmt, anfangs noch von geringer Breite, aber allmählig zunehmend bis zu dem Zeitpunkt, wenn die innere Gefässwand den Boden ringsum in gleicher Breite begrenzt. Denselben Wechsel in der Erscheinung rufen die Sonnenflecke hervor, wenn sie sich vom Rand der Sonnenscheibe nach deren Mitte hin bewegen, desgleichen findet derselbe Verlauf statt, sobald sich die Flecke, über die Mitte hinaus auf der kugelförmigen Sonne abwärts nach ihrem Verschwindepunkt hin bewegen. Diese Erscheinung wird das Wilsonsche Phänomen genannt.

Der Kernfleck sowie der Halbschatten sind durchaus nicht als verdunkelte Stellen auf der Sonnenoberfläche anzusehen, sondern beide strahlen Licht und Wärme aus, wenn auch in geringerem Maasse als die übrige Sonnenoberfläche. Herschel schätzte die Helligkeit der Flecke zu 0,007 derjenigen des Sonnenlichts, was auch mit den Resultaten Vogel's übereinstimmt, derselbe fand das Verhältniss der Leuchtkraft zwischen der Sonnenoberfläche des Halbschattens und dem Kernfleck wie 1 : 0,63 : 0,067 und Zöllner hat aus seinen Messungen ermittelt, dass ein Kernfleck immer noch 4000 mal stärker leuchtet als die gleiche Fläche des Vollmonds. Auch Secchi erwähnt, dass der Kern nur durch den Contrast dunkel erscheint, in der That aber stark leuchtend sei, weil bei photographischen Aufnahmen der Sonne, man das Licht nur einen Augenblick wirken lassen darf, wenn die Flecke nicht ganz verschwinden sollen. Selbst die spectroscopischen Untersuchungen von Lockyer haben bestätigt, dass die Flecke trotz der Dunkelheit ein continuirliches Sonnenspectrum mit allen Linien zeigen, woraus folgt, dass die Flecke aus einem weniger intensiv glühenden Theil der Oberflächenschicht bestehen. Neue Linien werden im Spectrum nicht wahrgenommen, dagegen nehmen mehrere dunkele Linien an Breite und Dunkelheit zu, welche eine vermehrte Anhäufung derjenigen Stoffe andeuten, denen diese Absorptionslinien zukommen. Auch Secchi fand diese, für die Sonnenflecke so wichtige Erklärung in gleicher Weise bestätigt. Diese Veränderungen treffen hauptsächlich die Calcium- und Eisenlinien, weniger stark die Linien des Natriums und am geringsten die Magnesiumlinien, woraus Lockyer und Secchi schliessen, dass das weisse Sonnenlicht, welches die dunkeln Flecke auszustrahlen vermögen, durch dampfförmige Schichten jener Stoffe hindurchdringen muss, ferner dass die Schichten eine verschiedene Dicke besitzen und sich bei dem Vorkommen in ungleichen Mengen, nach dem Verhältniss ihrer specifischen Schwere über einander ablagern. Die schweren Calcium- und Eisendämpfe nehmen die unterste Schicht ein, darauf lagern die Natrium- und Magnesiumdämpfe und sämmtliche Schichten deckt der leichte Wasserstoff, auch sollen Spuren von Wasserdampf darin sichtbar sein, wie solcher überhaupt nach Secchi in der Nähe der Flecke vorkommen soll. In der Tiefe des Kerns wird der Wasserstoff von den übrigen schweren Dämpfen in dem Maasse verdrängt, dass er im Spectrum nur durch seine dunkeln Linien erkennbar ist. Im Halbschatten ist dagegen die Temperatur und Lichtstärke so gross, dass die dunkeln Wasserstofflinien im Spectrum unsichtbar bleiben, indem sie die Helligkeit des von ihnen getroffenen Farbenfeldes annehmen.

Von der Thatsache ausgehend, dass der Halbschatten in seinen äusseren Umrissen stets die vergrösserte Darstellung des Kernflecks zeigt und dass ferner die im Halbschatten entstehenden Poren, nicht einen Theil der übrigen Sonnenoberfläche hindurchblicken lassen, sondern den dunkeln Kern in der Tiefe zeigen, können wir mit Sicherheit schliessen, dass der Halbschatten an das Vorhandensein eines Kernflecks gebunden ist und stets einen Theil desselben überdeckt. Diese Annahme wird noch dadurch wesentlich gestützt, dass der Halbschatten sich gewöhnlich später bildet, als der sichtbare dunkele Kernfleck, erst wenn dieser eine gewisse Grösse erreicht hat, überzieht er sich mit einem Halbschattenhof. Wenn auch öfter ein Halbschattenfleck ohne den Kernfleck beobachtet wird, so ist damit nicht das Fehlen des letzteren erwiesen.

Die Grösse der Sonnenflecke ist sehr verschieden, sie schwankt zwischen wenigen hundert bis zu mehreren tausend Meilen. Flecke von 1000 Meilen Durchmesser sind eine häufige Erscheinung und nehmen beispielsweise die Fläche von ganz Afrika ein. Schwabe hat im Jahre 1850 sogar einen Flecken von 30 000 Meilen im Durchmesser beobachtet, während der im Juni 1843 zur Zeit eines Fleckenminimums innerhalb 7 bis 8 Tagen gesehene grosse Sonnenfleck einen Durchmesser von

74 000 Meilen besass, also eine Fläche einnahm, welche etwas grösser ist als die Erdoberfläche. Flecke von 50 Secunden oder rund 4800 Meilen Durchmesser sind schon mit blossem Auge sichtbar.

Das Auftreten der Sonnenflecke.
(Die Erklärung der Flecke als Schlackenmassen.)

Ueber das Auftreten der Sonnenflecke sind so zahlreiche und eingehende Beohachtungen gemacht, dass dieselben als ein Schlüssel für die Erklärung der Constitution der Sonnenflecke gelten dürfen. Chacornac hat die Fleckengruppirung während der Zeit von 1849 bis 1864 an 493 Gruppen beobachtet und folgende Schlüsse daraus gezogen:

„In der Rotationsrichtung der Sonne pflegt gewöhnlich ein Fleck voranzugehen, welcher den grössten, dunkelsten Kern besitzt, am activesten ist und am längsten besteht.

Die andern Flecke ordnen sich gemeiniglich in Reihen an, die vom ersten nach Osten divergiren.

Während der Hauptfleck ziemlich regelmässig vom Halbschatten umgeben ist, sind die andern, am Ostende der Gruppe stehenden Flecke, wo die Gruppirung am dichtesten auftritt, aus mehreren Kernen, von unregelmässiger Form zusammengesetzt, umgeben von einem gemeinsamen, unregelmässigen Halbschatten.

Die Ausdehnung der Gruppe ist meistentheils der Gruppe des Hauptcentrums proportional, selten erreicht die Ausdehnung einer Gruppe den siebenten Theil des Sonnendurchmessers und dies nur bei sehr grossen dunkeln Kernen.

Am grössten ist die Activität gleich nach der Bildung der Gruppe, beim zweiten Wiedererscheinen besteht oft nur der Hauptfleck und die andern sind durch Fackeln ersetzt.

Die Flecken ein und derselben Gruppe sind stets nahezu einem Parallel des Aequators orientirt.“

Nach den Mittheilungen von De la Rue, Stewart und Loewy über die Fleckenbeobachtungen aus den Jahren 1854 bis 1864 hat sich ergeben, dass

> „die Flecke einerlei Veränderung von links nach rechts zeigen, d. h. sie wachsen gleichzeitig und nehmen gleichzeitig ab."

Ferner hat Faye beobachtet

> „bei Theilungen eines Fleckens bewegt sich der vordere Theil schneller, ebenso wenn zu einem vorhandenen, ein neuer Fleck hinzutritt, (was in der Richtung der Bewegung zu geschehen pflegt) diese Beschleunigung verringert sich aber bald. —"

Auch Secchi fand

> „dass regelmässig bei einer Fleckenänderung eine Beschleunigung der Bewegung eintritt, überhaupt findet in den ersten Tagen, bei neu entstehenden Flecken ein Voraneilen statt."

Diese Beobachtungsresultate bilden eine ganze Reihe wichtiger Anhaltspunkte, für die Erklärung der Constitution der Sonnenflecke und zwar zu Gunsten der Schlackentheorie. Man kann bei einer Fleckengruppe, den der Gruppe vorangehenden grossen Flecken als eine schwimmende Schutzwehr betrachten, an deren hinterem Rand d. h. auf der Ostseite die kleinern Schollen anschwemmen und sich mit dem grossen Flecken oder der anwachsenden Gruppe, innig verbinden indem sie sich unter der Wirkung des Zusammenstosses vereinigen.

Diese innige Verbindung ermöglicht, dass die Gruppe zu einem nach rückwärts sich verbreiternden Geschiebe anwächst, dessen Breite an dem vordern Ende durch die Grösse des Hauptflecks bestimmt ist, im entgegengesetzten Falle würde die Gruppe in eine nach rückwärts zusammengehende Anschwemmung auslaufen, sie würde mehr Dreiecksgestalt annehmen, deren Basis der vordere Hauptfleck ist.

Dass ein wirkliches Auftreffen stattfindet, beweist die plötzliche Beschleuniguug in der Bewegung der Gruppe, demzufolge sind die Flecken nur als schwimmende Massen zu betrachten, welche stets in gleicher Höhe liegen. Die auffallende Erscheinung, dass die kleinern Flecke schneller vorwärts eilen als grössere Flecke und selbst bei Trennung eines Fleckens die vordere Hälfte, wenn sie kleiner ist ebenfalls schneller abgetrieben wird, rührt daher, dass die kleinern schwimmenden Massen der Strömung schneller folgen und in der That hat sich durch genaue Beobachtungen von Zöllner und Vogel ergeben, dass die flüssige Sonnenoberfläche eine schnellere Rotationsgeschwindigkeit besitzt, als die sichtbaren Flecke in gleicher Breitenzone.

Die Flecke behalten auch während mehrerer Rotationsperioden der Sonne ihre wahre Gestalt, sie sind nur aus diesem Grunde bei jedem folgenden Erscheinen wiedererkannt. (Die Rotationsdauer der Flecke beträgt am Sonnenäquator $= 25^{1}/_{2}$ Tage und sind die Flecke während der halben Zeit sichtbar) die andauernde Beibehaltung der Grundfigur kann einem Fleck nur dann eigen sein, wenn er aus einer wenig verschiebbaren Masse besteht, wie sie die Schlacken sind.

Eine für die Erklärung der schlackenförmigen Flecke hochwichtige Erscheinung ist die sogenannte Lichtbrücke, welche eine Theilung der Flecke herbeiführt. Ist eine Lichtbrücke im Entstehen begriffen, so wird zuerst im Halbschatten ein Lichtspalt sichtbar, welcher sich sehr schnell erweitert und auch weiter vordringt bis er den Kernfleck überziehend, den gegenüberliegenden Fleckenrand erreicht hat. Die Lichtbrücke, welche für gewöhnlich als eine Ueberfluthung des glühenden Gases der Chromosphäre betrachtet wird, ist im wahren Sinne des Worts, ein Lichtspalt zu nennen, er bildet eine Oeffnung zum theilweisen Austritt des glühenden Wasserstoffgases, welches an seinem Emporsteigen durch den

Fleck gehindert wurde. Der Austritt des Gases erfolgt wie das Aufbrechen einer ergiebigen Quelle, die glühenden Gasmassen dringen als eine unaufhörlichen Fluth hervor und durchbrechen die in der Tiefe des Sonnenfleckens lagernden Schichten der schweren metallischen Dämpfe, so dass die Lichtstrahlen einer Lichtbrücke keine Absorption erleiden und im Spectrum selbst noch die dunkeln Fraunhoferschen Linien überstrahlen.

Die Entstehung einer Lichtbrücke ist nur dem Auftrieb, der unterhalb der Fleckenmasse angestauten glühenden Gasmassen zuzuschreiben, diese suchen den Flecken an seiner schwächsten Stelle zu durchdringen, wobei die ausserordentlich hohe Temperatur der glühenden Gase ihrem Zerstörungswerk sehr zu Hülfe kommt.

Hat das angehäufte glühende Gas an der dünnsten Stelle der Schlackenschicht, einen Abzugskanal nach dem Fleckenrand hin gefunden, so wird er diesen entlang leichter abfliessen als an andern Stellen und tritt neben dem Fleckenrand entweder in Gestalt von Fackeln auf oder als Protuberanzen. Gleichzeitig wird die Decke dieses Abzugskanals auch derartig durch Abschmelzen geschwächt, dass die abströmenden Gase vom Fleckenrand her, wo der Strom am stärksten fliesst und von grösster Intensität ist, die schwimmende Decke einschneiden und diesen Schnitt durch den ganzen Kernfleck legen. Es ist auch sehr wahrscheinlich, dass diese Bruchstelle oft zusammenfällt mit der Vereinigungsstelle zweier kleinerer Flecken, da die Vereinigung der Flecke gemeinhin durch Zusammenstoss stattfindet und ein inniger Verband wohl nicht bis in der ganzen Tiefe besteht.

Unsere Erklärung für die Lichtbrücken ist folgende:

Lichtbrücken entstehen durch Spaltung des schlackenförmigen Kerns gewöhnlich an seiner schwächsten Stelle, vom Rande aus, als deren Ursache der Auftrieb und die zerstörende Wirkung des glühenden Gases anzusehen ist, welches von der Fleckenmasse am Aufsteigen gehindert, sich unter derselben anhäuft und ringsum in horizontalen Strömen nach dem Fleckenrand hin abfliesst; die dünnste Stelle der Fleckendecke welche in radialer Richtung liegt, wird den grössten Strom aufnehmen und bildet die Wiege der Lichtbrücke.

Um unsere Ansicht über schlackenartige Natur der Sonnenflecke noch mehr zu stützen, betrachten wir in der Beleuchtung unserer vorgenannten Beobachtungsresultate, die Flecke als Wolken, welche in der Atmosphäre schweben. Wenn zwei Wolken einander mit verschiedener Geschwindigkeit folgen, so liegen sie nicht in gleicher Höhe, sondern über einander, sie sind also dem Einfluss zweier verschiedenen Luftströmungen ausgesetzt und werden sich auch nie treffen.

Selbst wenn zwei Wolken in gleicher Höhe schwebend einander folgen, so kann ein Zusammenstoss derselben nicht stattfinden, denn jede Wolke befindet sich zu der sie umgebenden Atmosphäre in einer ruhigen Gleichgewichtslage und schwimmt darin, als ob sie derselben angehört. Nimmt die Atmosphäre eine Bewegung an so folgt die Wolke derselben und fliesst mit der Luftströmung fort ohne ihre Gestalt wesentlich zu ändern, weil sie gleichfalls die Geschwindigkeit der Luftströmung annimmt und für ihre Umgebung daher der Zustand der absoluten Ruhe herrscht. Schwebt nun dieser Wolke eine andere voraus, so wird eine die andere niemals einholen, weil der Luftstrom bei seinem Vorwärtsdringen, die zwischen beiden Wolken belegene Luftmassen ebenfalls vor sich her schiebt, und mit ihr die vorauf befindliche Wolke, welche nun jener vorauseilt und zwar mit derselben Geschwindigkeit, so dass eine Annäherung beider Wolken unmöglich wird.

Auch die Voraussetzung, dass auf der Sonne nur schwere metallische Wolken bestehen, ändert jene Vorstellung nicht, denn die Wolke muss stets in der Atmosphäre schwimmen, also stets leichter sein oder mindestens ebenso leicht als diese, und sind jene Dämpfe auch specifisch schwerer, so ist auch die Sonnenatmosphäre um so viel dichter, dass selbst, auch bei Anwesenheit mächtiger Stürme auf der Sonne, das Verhältniss, wie wir vorhin entwickelt haben, immer dasselbe bleibt.

Wenn aber die Gruppirung wolkenartiger Flecke nicht möglich ist, so werden auch alle übrigen Bedingungen, welche die Erscheinung begleiten, nicht erfüllt und wir können die Flecke nur als schlackenartige Massen betrachten, welche auf der glühendflüssigen Sonnenoberfläche schwimmen.

Als ein sehr wichtiges Argument gegen die schlackenförmige Natur der Sonnenflecke wird auch die beobachtete Thatsache der Ueberdeckung zweier Sonnenflecke angeführt, welche eben nur bei Wolken geschehen kann; solche fanden statt, im Jahre 1816 beobachtet von Rasching, 1819 von Hallaschka, 1864 von Weiss und 1869 von Haag. Das viermalige Auftreten dieser Erscheinung im Laufe eines halben Jahrhunderts zwingt zu der Annahme, dass derselben doch nur zufällige Ursachen zu Grunde liegen. Um uns über die Art und Weise der Bedeckung ein Bild zu verschaffen, folgen wir der Mittheilung von Haag über den Verlauf ihrer Sichtbarkeit, der am 10. April 1869 unter heftiger Fackelentwickelung aufgetretenen Fleckengruppe. Am 13. April erschien die Hauptgruppe durch einen schmalen Streif der Länge nach in zwei Theile gespalten, ihr folgte ein Fleck, der mit seinem rothbraunen Hof, der den aschgrauen der grossen Gruppe bedeckte, was jedoch nicht hinderte die Grenzen des untern, durch den obern dunkler gefärbten hindurch zu erkennen. Am 14. April Wolken. Am 15. April ist die Erscheinung der Bedeckung verschwunden, die beiden Höfe sind in einander übergegangen, jedoch ist gegen den frühern, nicht mit der Hauptgruppe vereinigten Fleck hin, eine dunklere Färbung des Hofes wahrzunehmen. Am 16. April, an der Stelle wo sich früher die beiden Höfe deckten, ist ein neuer Fleck entstanden, der Hof zeigt durchaus gleiche aber dunklere Färbung als bisher. —

Nach dieser eingehenden Beschreibung ergiebt sich, dass eine Ueberdeckung der Kernflecke nicht stattfand, sondern nur die der Halbschatten, und zwar besass der Sonnenfleck, welcher der Gruppe folgte, eine so grosse Geschwindigkeit, dass nach dem Zusammenstoss des Kernflecks mit der Gruppe, der röthlich gefärbte Halbschatten in Folge der Beschleunigung als zusammenhängendes Ganzes auf den grauen Halbschatten der Fleckengruppe übersprang und sich zuletzt auf diesem niedersenkte. Diese Erscheinung kann einen Beitrag für die Erklärung des röthlich gefärbten Halbschattens liefern, welcher nach der obigen Beschreibung aus besonders leichten Dämpfen zu bestehen scheint, die sich noch über dem grauen Halbschatten erheben.

Auch die Stabilität der Lichtbrücken bietet eine Widerlegung der wolkenartigen Constitution der Sonnenflecke. Bei wolkenartigen Flecken, welchen auch wirbelförmige Struktur zugeschrieben wird, weil der Halbschatten zuweilen aus der Thätigkeit einer mächtigen Cyclone hervorzugehen scheint, ist zwar die Möglichkeit der Theilung durch eine Lichtbrücke vorhanden, aber die Figur der Lichtbrücke würde sich sehr schnell verändern und zwar, bei jenen durch Verstopfung von den niederstürzenden Massen, bei den Wirbeln durch Verschlinguug der rotirenden Massen, während die ruhig dahin ziehende Schlackendecke gar nicht das Bestreben zeigt irgend welche gewaltsame Aenderung in dem Aussehen der Lichtbrücke herbeizuführen, wenn nicht etwa durch die schnelle Strömung an der Sonnenoberfläche eine Beschleunigung in der Bewegung des kleinern Fleckentheiles hervorgerufen wird, wodurch eine Verbreiterung der Lichtbrücke entsteht und schliesslich ein Aufhören derselben.

Das Entstehen und Vergehen der Sonnenflecke.

Das Entstehen eines Fleckes wird, nach Secchi, schon vorher durch eine grosse Unruhe in der Atmosphäre angezeigt, welche sich bald durch Fackeln, bald durch Poren kundgiebt, so wie durch Abnahme der sie trennenden Lichtschicht. Diese Poren verschieben sich anfangs rasch, dann scheint eine derselben das Uebergewicht zu erlangen und sie verwandelt sich in eine weite Oeffnung, welche sich bald darauf mit dem allmählig sich entwickelnden Halbschatten umgiebt. Auch die Beobachtungen von Spörer sind mit dem Vorigen übereinstimmend, derselbe findet, dass dem Entstehen der Flecke und selbst der grössten, immer einen oder mehrere Tage lang, die Bildung kleinster Flecke voraus geht. Diese sind dann von intensiven Fackeln und von flammigen Protuberanzen umgeben. Wenn die Gruppirung sich mehr geschlossen hat so entwickelt sich daraus ein einziger behofter Fleck, der erst nach und nach grössere Regelmässigkeit der Gestalt erlangt. Neu entstandene Flecke sind anfangs stets ohne Hof oder Halbschatten sichtbar.

Das Vergehen der Flecke oder die sogenannte „Auflösung" derselben innerhalb der Fleckenzone, tritt ein durch Zerreissen der Schlackenschollen, nachdem sie mehrere Lichtbrücken gespalten haben und der Flecken zerfällt in mehrere kleinere. Auch Gruppirungen trennen sich häufig und allemal mit der Verkleinerung des Kernflecks geht der Flecken seinem Ende entgegen. Die Fackeln haben auch einen grossen Antheil an der Auflösung der Flecke, indem sie auf den Halbschatten eindringen und diesen auf den Kernfleck zurückdrängen. Wenn der Kernfleck aufhört, d. h. sich mit dem Halbschatten überzieht, so verliert der Flecken seine charakteristische Dunkelheit. Der Halbschatten bleibt selbst bei Verkleinerung des Kernflecks in gleicher Breite bestehen, wenngleich sein Umfang ein geringerer wird, er zieht sich förmlich wie ein elastisches Band zusammen. Ist schliesslich der Kernfleck ganz verschwunden, so bleibt der Halbschatten auch nur noch eine kurze Zeit lang bestehen und wird bald von den Fackeln verzehrt. Der Sonnenfleck ist alsdann vollkommen verschwunden, um vielleicht eine Strecke weiter vorwärts von Neuem zu erscheinen. Man hat oft an der Gestalt zweier nach einander auftretender Flecke erkannt, dass man es mit einem einzigen Fleck zu thun hat, der nach seinem Verschwinden nur von Neuem sichtbar ward. Desgleichen kommt es vor, dass eine aufgelöste Fleckengruppe sich wieder vereinigt und zum Vorschein gelangt.

Im allgemeinen ist das frühere Verschwinden des hinteren Fleckentheils, also der Seite, welche der Anschwemmung kleinerer Stücke ausgesetzt ist, sehr häufig beobachtet worden und wohl darauf zurückzuführen, dass die schnelle Strömung der mit dem intensiv glühenden Wasserstoff gesättigten Oberflächenschicht, durch heftige Brandungen die Flecke von dieser Seite her eher zerstört.

Beim Austritt der Flecken aus der Fleckenzone hört die sichtbare Dunkelheit ebenfalls auf und wir kommen später auf die Ursache dieses plötzlichen Verschwindens noch einmal zurück.

Der Vorübergang eines grössern Sonnenfleckens geschieht gewöhnlich unter den folgenden characteristischen Merkmalen:

„Am Ostrande der Sonne[1]), in der Gegend der Fleckenzone, werden mächtige Protuberanzen sichtbar, welche stets

---

[1]) Die Sonne dreht sich in demselben Sinne um ihre Axe wie die Erde, nur die Bezeichnung der Himmelsgegenden ist auf der Sonne eine umgekehrte, sie bildet das Spiegelbild derjenigen bei uns. Betrachtet man Mittags um 12 Uhr die Sonne, so heisst der oberste Punkt der Sonnenscheibe der Nordpol, lothrecht darunter liegt der Südpol und der linksseitige Rand der Sonnenscheibe ist der Ostrand, der rechtsseitige der Westrand. Der Vorübergang der Flecken geschieht dem Auge gegenüber von links nach rechts.

als die Vorboten und Begleiter der grössern Flecke zu betrachten sind, auch ausgedehnte Fackeln bezeichnen den Weg der kommenden Erscheinung. Indessen die letztern an Höhe abnehmen, erscheint am Rande der glühenden Chromosphäre häufig eine flache Einkerbung, welche alsbald verschwindet und parallel zu ihr in gleicher Länge eine feine graue Linie, der Halbschatten sichtbar wird. Späterhin verbreitert sich diese Linie zu einem gleichfalls grau aussehenden Streifen, welcher in der ersten Zeit seines Auftretens sich nur sehr langsam fortbewegt, aber innerhalb der ersten Tage sich bereits so weit vom Sonnenrand entfernt hat, dass er als ein länglicher grauer Fleck sichtbar wird, die Breite im Sinne der Bewegungsrichtung nimmt dabei fortwährend zu. Die Fackeln sind wegen der intensiv leuchtenden Sonnenfläche jetzt weniger erkennbar, verdecken aber noch immer den grössten Theil der Westseite des Fleckens und erst nach einigen Tagen seines Erscheinens ist er auf etwa $^1/_5$ des Weges der Sonnenmitte so nahe gekommen, dass man innerhalb des Halbschattens einen schmalen Streifen des tiefer liegenden dunkeln Kerns erblickt, welcher sich von der Westseite her in die Figur des Halbschattens einschiebt. Der Sonnenflecken verursacht jetzt recht deutlich die irrige Vorstellung, welche Wilson zuerst empfand, dass er eine nach unten sich verengende Oeffnung von unregelmässigem Umfang mit grauen Rändern und dunkelm Boden bildet. Je weiter sich nun der Flecken der Sonnenmitte nähert, desto mehr nimmt er auch seine wahre Gestalt an, und der Halbschatten umgiebt den dunkeln Kernfleck ringsum in regelmässiger Breite. Die Geschwindigkeit der Fleckenbewegung ist hier auch am grössten, es bleibt jedoch ein andauernder Fleck mehrere Tage hindurch in seiner wahren Grösse bestehen und bietet die Gelegenheit alle Einzelnheiten in seiner Entwickelungsthätigkeit zu beobachten.

Bisweilen wird dem Flecken auch ein frühzeitiges Ende

bereitet, indem die Fackeln in den Halbschatten eindringen und ihn auf den Kernfleck verdrängen, so dass dieser zuletzt verschwindet und bei weiterer Ausdehnung des Fackelngebietes muss auch der Halbschatten weichen und das wogende Feuermeer der Chromosphäre verwischt schliesslich jede Spur des früher dunkeln Fleckens, während zeitweilig aufsteigende Protuberanzen die Stelle seines Unterganges bezeichnen.

Bei beständigerer Constitution legt der Flecken den ganzen Weg über die Sonne zurück und unterliegt nur den fortwährenden Veränderungen in Bezug auf Gestalt und Grösse. Nachdem der Flecken die Mitte der Sonnenscheibe passirt hat und sich ihrem Westrand merklich nähert, beginnt auch das Wilsonsche Phänomen sich wieder zu zeigen, jedoch in umgekehrter Weise, bis auch dieses verschwindet und nur noch der Halbschatten des Fleckens wiederum als ein schmaler grauer Streifen sichtbar bleibt. Derselbe geht zuletzt in eine feine Linie über, die als der Rest der 12 tägigen Fleckenerscheinung schliesslich hinter den Westrand der Sonnenscheibe tritt, indessen nachfolgende Fackeln und Protuberanzen den Vorübergang beschliessen".

Die Häufigkeit der Sonnenflecken.

Die Fleckenerscheinung ist an einen periodischen Wechsel gebunden, welchen schon Schwabe während seiner nahezu vierzigjährigen Beobachtungsdauer von 1826 ab erkannte. Es ergab sich ein periodisches Maximum und Minimum der Fleckenhäufigkeit und Wolf hat aus diesen Beobachtungsresultaten die Länge der einzelnen Perioden zu durchschnittlich 11 Jahren gefunden.

Zusammenstellung
der Minima und Maxima nach Wolf aus den Fleckenbeobachtungen
seit 1610 abgeleitet.

Periode (Jahre)	Minima	Maxima	Periode (Jahre)
	1610,8		
8,2	1619	1615,5	10,5
15	1634	1626	13,5
11	1645	1639,5	9,5
10	1655	1649	11
11	1666	1660	15
13,5	1679,9	1675	10
10	1689,5	1685	8
8,5	1698	1693	12,5
14	1712	1705,5	12,7
11,5	1723,5	1718,2	9,3
10,5	1734	1727,5	11,2
11	1745	1738,7	11,6
10,2	1755,2	1750,3	11,2
11,3	1766,5	1761,5	8,2
9	1775,5	1769,7	8,7
9,2	1784,7	1778,4	9,7
13,6	1798,3	1788,1	16,1
12,3	1810,6	1804,2	12,2
12,7	1823,3	1816,4	13,5
10,6	1833,9	1829,9	7,3
9,6	1843,5	1837,2	10,9
12,5	1856	1848,1	12
11,2	1867,2	1860,1	10,5
11,7	1878,9	1870,6	

11,2 = mittlere Dauer der Perioden = 11,1

Ferner ist innerhalb einer Periode, d. h. von einem Minimum zum folgenden, das eingeschlossene Maximum ungleich vertheilt und zwar beträgt die Dauer vom Minimum bis zum Maximum ca. $4^1/_2$ Jahre und vom Maximum nach dem nächsten Minimum ca. $6^1/_2$ Jahre.

Neben dieser 11jährigen Fleckenperiode hat sich noch eine zweite, 55jährige Häufigkeitsperiode der Fleckenmaxima bemerklich gemacht, welche so scharf begrenzt ist, dass wir es hier scheinbar mit einer begründeten Erscheinung zu thun haben. Die letzte Maximaperiode der Fleckenmaxima nimmt ihren Anfang um das Jahr 1837 und es besteht rückwärts bis zum Jahre 1788 ein Minimum der Fleckenmaxima.

Die Häufigkeit der Sonnenflecken ist noch von andern charakteristischen Erscheinungen begleitet, welche den obwaltenden Naturgesetzen streng folgen. Die Flecken treten in zwei Zonen auf, welche zu beiden Seiten des Aequators etwa zwischen dem 10. und 35. Breitengrade liegen, die dazwischen liegende Aequatorialzone zeigt nur sehr spärliche Fleckenbildung und über dem 35. Grad hört dieselbe ganz auf.

Carrington hat gefunden, dass die Fleckenzone in dieser Breite nur in der Zeit vom Maximum nach dem Minimum besteht, nach Eintritt des Minimum, während welcher Zeit ein sichtbares Aufhören der Fleckenthätigkeit bemerkbar wird, beginnt die Bildung neuer Flecken an der obern Grenze der Fleckenzone und indem sich die letztere sehr rasch und zahlreich mit neuen Flecken überzieht, rückt die obere Grenze der Fleckenzone langsam nach dem Aequator, indessen die mittlere heliographische Breite der Fleckenzone, gleichfalls wenige Grade nördlich oder südlich vom Aequator zu liegen kommt. Während dieser Zeit, d. h. innerhalb der Dauer vom Minimum bis zum Maximum, entstehen also die Flecke in höheren Breiten und wandern während der Rotationsperioden nach dem Aequator, hierselbst entstehen weder neue Flecke, noch sind in erster Zeit welche vorhanden. Nach Eintritt des folgenden Fleckenmaximums geht die Fleckenzone auf ihre frühere Breite zurück und die Flecke selbst, welche nun die Aequatorialzone und niedern Breiten vollständig bedecken, werden während der folgenden Rotationsperioden wieder nach dem nächsten Pol abgelenkt.

Diese eigenthümlichen Bewegungserscheinungen werden auch von Spörer bestätigt.

Eine fernere Eigenthümlichkeit zeigen nach Carrington und Spörer die Flecke bei ihrem Umlauf, dass in immer höhern Breiten ihre Umlaufsgeschwindigkeit eine geringere wird; so beträgt z. B. der Umlauf eines Fleckens am Aequator gleich 25,1 Tagen, bei 10 Grad beiderseits vom Aequator wächst die Umlaufszeit schon auf 25,3 Tage, bei 20 Grad auf 25,7 Tage, bei 30 Grad auf 26,5 Tage und bei 40 Grad auf 27,7 Tage, hier dauert sie also schon 2,6 Tage länger als am Aequator. Ueber dem 40. Breitengrad hinaus sind keine Beobachtungen wegen des seltenen Auftretens von Flecken gemacht worden. Wenn man auf jedem dieser Breitengrade einen Flecken zu liegen denkt, sämmtlich in einer Meridianlinie, so zeigen die höher gelegenen Flecke eine scheinbar rückläufige Bewegung, weil die Flecke auf den grössern Breitenkreisen voraneilen.

Gleichzeitig macht sich eine geringe rotatorische Bewegung der Flecke bemerkbar und zwar ist sie auf der nördlichen Halbkugel der Sonne im Drehungssinn gegen den Zeiger der Uhr auf der südlichen Halbkugel umgekehrt. Diese Erscheinung scheint mit dem ungleichen Fleckenumlauf in engem Zusammenhang zu stehen.

Die meteorologischen Verhältnisse auf der Sonne.

Die Thatsache, dass die Sonne von einer Atmosphäre umgeben ist und gleichzeitig um ihre Axe rotirt, lässt darauf schliessen, dass auf der Sonne ebenfalls einflussreiche meteorologische Verhältnisse bestehen. Wir können unserer Betrachtung allerdings nicht die Erscheinungen in unserer irdischen Atmosphäre zu Grunde legen, denn die Sonne und die Erde zeigen eine Verschiedenheit in dem dynamischen Aequivalent, nämlich der Wärmequelle. Hier wie dort ist der Sitz der Wärmequelle die Oberfläche selbst, aber die irdische Wärmequelle ist in gürtelförmigen Zonen vom Aequator nach den Polen hin abgestuft, während auf der Sonne, an den Polen wie am Aequator, eine durchaus gleichmässige Temperatur in der glühendflüssigen Oberflächenschicht herrscht. Locale Temperaturunterschiede sind auf die allgemeinen meteorologischen Verhältnisse in der Sonnenatmosphäre von keiner Bedeutung.

Um die meteorologischen Merkmale der Sonnenatmosphäre näher kennen zu lernen, nehmen wir unsere Zuflucht zu folgender darstellenden Betrachtung. Denken wir uns die Sonne rotirt nicht, so bleibt ihre Atmosphäre auch still stehen und befindet sich in einem sehr schwankenden Gleichgewichtszustand, weil den untersten heissesten Schichten, das Bestreben innewohnt, sich über die darüber lagernden, abnehmend kühlern Schichten zu erheben. Soll aber an einem Punkt der Sonnenoberfläche, das glühende Gas emporsteigen, so muss aus den benachbarten Gegenden ein anderes Gas herzuströmen, um den frei werdenden Raum einzunehmen; gewöhnlich zeigt ein kälteres Gas das Bestreben dahin zu fliessen, weil dieses stets eine tiefere Lage einzunehmen sucht. Es befindet sich aber kein kälteres Gas in der nächsten Umgebung und die tiefer liegenden heissern Gase rücken trotz ihres Auftriebs ebenfalls nicht in die Höhe, weil unter ihnen sich die glühendflüssige Oberfläche befindet, also kein Gas von unten her zum Ersatz eintreten kann.

Nach oben hin besitzt die Atmosphäre allerdings eine geringere Temperatur und die äussern Schichten sind ganz bedeutend abgekühlt, so dass ihnen, in Folge grösserer Schwere die Fähigkeit innewohnt, sich bis tief auf die Sonnenoberfläche hinabzustürzen. Das glühende Gas der untern Schichten besitzt aber eine ausserordentliche Spannung und verhält sich daher wie ein elastisches Polster, welches die äussern abgekühlten Schichten trägt und trotz dieser begünstigenden Umstände, indem die kältern schweren Theile der Atmosphäre auf den leichtern erhitzten Schichten ruhen, kann wegen der Gleichmässigkeit der Temperatur an der Sonnenoberfläche, keine freiwillige Circulation von oben nach unten und umgekehrt eintreten, so lange man die Sonne als stillstehend annimmt. Ebenso wenig werden einzelne vertikale Strömungen entstehen, wenn auch die über einanderliegenden Schichten das deutliche Bestreben zeigen, sich gegenseitig zu durchdringen, um sich nach dem Verhältniss ihrer specifischen Schwere abzulagern. Jeder Versuch der äussern Schicht in die tiefer liegende heissere Schicht einzudringen, wird durch die hohe Temperatur der Sonne vereitelt. Sobald nämlich eine Gasmasse sich der Sonnenoberfläche durch Hinabsinken mehr nähert, nimmt ihre Erhitzung in demselben Maasse zu, als wie sich umgekehrt die Quadratzahl ihrer frühern Entfernung zur Quadratzahl ihrer jetzigen Entfernung verhält. Die kühlern Luftmassen gelangen daher nicht allein in eine heissere Umgebung, sondern empfangen auch noch eine grössere Wärme von unten her, welche sie bald in den Temperaturzustand ihrer Umgebung versetzt, und damit hat das Bestreben, noch tiefer zu sinken, bereits aufgehört.

Bei dem angenommenen Stillstand der Sonne würde also trotz des schwankenden Gleichgewichtszustandes der Atmosphäre eine gewisse Stabilität derselben bestehen, welche nur durch irgend welche lokale Einflüsse in Unruhe versetzt werden könnte.

Lassen wir nun die Sonne rotiren, so werden sich die Verhältnisse im allgemeinen nicht wesentlich ändern, nur unter dem Aequator und in niedern Breiten erleidet die Atmosphäre eine Störung. Hier werden die Gase in Folge der Centrifugalkraftswirkung auf eine grössere Höhe gehoben, und gelangen in eine andere Temperaturzone, d. h. die Temperatur der gehobenen Gase ist bedeutend höher als diejenige Temperatur, welche die Schichten in gleichem Abstand von der Sonnenoberfläche an andern Stellen besitzen. Es erfolgt nun eine Abkühlung des über dem Aequator gehobenen Gasgürtels und da demselben von unten her, fortwährend neue Mengen Gas zugeführt werden, so fliessen die gehobenen Gase nach den höhern Breiten der Atmosphäre hinüber. Bei ihrem zurückfliessen stürzen die kühleren Gase vermöge der Fallbeschleunigung tiefer hinab, als ihrer Temperaturzone entsprechend und sind über der sie tragenden heissern Schicht in Gestalt einer scharf begrenzten Strömung erkennbar, welche zu beiden Seiten des Aequators besteht und die wir die Aequatorialströmung nennen. Die untrüglichsten Beweise für das Bestehen einer obern bemerkbar fliessenden Aequatorialströmung, sind die bei eruptiven Protuberanzen, etwa in der Höhe von 20 000 Meilen polwärts gerichteten Spitzen, welche oft scharf geknickt erscheinen und damit eine heftige

Strömung erkennen lassen. Die Erscheinung der geknickten
Protuberanzengipfel ist nur in den, dem Aequator nahe gelegenen Breitenzonen beobachtet worden und deutet darauf
hin, dass der Aequatorialstrom sich nicht zu weit ausdehnt.

Die Intensität der Strömung ist nicht allein von der Menge
des gehobenen Gases abhängig, sondern auch noch von dem
Temperaturunterschied desselben gegen die Umgebung, daher
hat der Aequatorialstrom gegen die heissere untere Schicht
eine scharfe Begrenzung, zum Zeichen dass er eine Eigen-
bewegung besitzt; dieselbe wohnt ihm so lange inne als der
Temperaturunterschied besteht. Da er aber bei seinem Lauf
der fortwährenden Temperatursteigerung ausgesetzt ist, so verliert er bald seinen Character und geht in den Zustand der
relativen Ruhe über in welchem sich auch der übrige Theil
der Sonnenatmosphäre befindet. Eine äquatoriale Strömung
zu beiden Seiten des Aequator ist vorhanden, jedoch ist es
nach Spörer nicht ganz sicher ob diese Strömung zu allen
Zeiten herrscht, und wir dürfen daher den wohlberechtigten
Schluss ziehen, dass die Strömung vielleicht in mehrfach ge-
theilten Betten besteht.

Zur Unterhaltung einer obern Aequatorialströmung ver-
muthen wir zunächst eine Gegenströmung, diese ist aber nach
Spörer u. a. nicht erkennbar, trotz der sehr zahlreichen niedern Protuberanzen. Diese Andeutung ist genügend, um die
wahrscheinliche Thatsache zu rechtfertigen, dass das Quer-
schnittsverhältniss der Aequatorialströmung zur untern Schicht,
ein vollkommen ungleiches ist. Die Sohle des Aequatorialstromes befindet sich etwa 20 000 Meilen über der Sonnenoberfläche gleich $^1/_5$ des Sonnenradius, demzufolge müsste eine
Gegenströmung annähernd diese Dicke haben. Da aber der
Aequatorialstrom mit so bedeutender Geschwindigkeit fliesst
und die untere Schicht der Atmosphäre nur eine geringe Ver-

schiebung nach dem Aequator erleidet, welche sich der Beobachtung entzieht, so kann die Dicke des Aequatorialstroms nur sehr gering sein und seine Geschwindigkeit hängt hauptsächlich von dem Temperaturunterschied ab.

Die geringfügige Verschiebung der Sonnenatmosphäre findet ihren Grund in der geringen Rotationsgeschwindigkeit der Sonne, diese ist nicht im Stande die Gasmassen weit „fortzuschleudern“, wenngleich ein Punkt am Sonnenäquator einen viermal grössern Weg in der Secunde zurücklegt, als ein Punkt am Erdäquator, so erscheint diese Geschwindigkeit noch nicht gross genug, um die niedern Schichten der Sonnenatmosphäre in einer ringförmigen Scheibe über dem Aequator aufzuthürmen. Der Planet Jupiter hat sogar eine sechsmal grössereAequatorgeschwindigkeit als wie die Sonne und zeigt bei wesentlich geringerer Anziehungskraft, über seine niedern Breitenzonen nur eine Streifenbildung, nicht aber eine ringförmige Aufthürmung der Wolkenatmosphäre, welche sich durch die unrunde Gestalt des Planeten sofort kenntlich machen müsste. Wir können daher auf der Sonne die Erhebung der Atmosphäre über dem Aequator, nur als einen niedrigen Wall bezeichnen, auf dessen nördlichem und südlichem Abhang die abgekühlten Gase, die Quelle des in dünner Schicht nach den niedern Breiten abfliessenden Aequatorialstromes bilden. Bei diesem kurzen Kreislauf erscheint es nicht einmal nöthig, dass die Atmosphäre der polaren Zonen, eine nach dem Aequator gerichtete Verschiebung erleidet, die meteorologischen Verhältnisse werden nach unserer Betrachtung in keiner Weise beeinflusst, wenn sich dort die Atmosphäre im stagnirenden Zustand befindet.

Mit Hülfe der Spectralapparate sind zuerst von Lockyer auf der Sonne auch noch heftige locale Strömungen, sogenannte Cyclonen entdeckt, welche alle irdische Cyclonen an Grösse weit übertreffen, ja die Beobachtungen haben ergeben, dass die gesammte Sonnenatmosphäre sich in stürmischer Bewegung befindet. Die vorliegenden Resultate gestatten zwar nicht allgemeine Schlüsse zu ziehen, aber vom wissenschaftlichen Standpunkt darf man wohl mit einiger Sicherheit den Sitz dieser Cyclonen in der Nähe der Aequatorialströmung suchen, wo hingegen in den tiefern Schichten der Atmosphäre die localen Stürme durch die plötzlichen Temperatursteigerung in einzelnen Gebieten entstehen, wenn nach dem Ausbruch des intensiv glühenden Wasserstoffs, sich dieser in der Atmosphäre ausbreitet.

Für unsere Betrachtung haben nur die Aequatorialströmungen eine besondere Bedeutung, weil sie in ihrem Bestehen eine unsern Passatwinden gleichkommende Regelmässigkeit zeigen, während die localen Winde bisher keine Ursache für einen Wechsel der meteorologischen Verhältnisse auf der Sonne erkennen lassen.

Wir fassen unsere Ergebnisse in folgende Sätze zusammen:

> Die meteorologischen Verhältnisse sind auf der Sonne nur mangelhaft ausgebildet, insofern als die Rotationsgeschwindigkeit zu gering ist, um ausgedehnte Verschiebungen der Atmosphäre herbeizuführen.

> Die einzigen permanenten Strömungen bestehen zu beiden Seiten des Aequators in den höhern Schichten der Atmosphäre und sind nach den Polen hin gerichtet, sie dehnen sich als eine Aequatorialströmung etwa bis zu den Zonen des 30. Breitengrades aus.

> Die glühendflüssige Oberflächenschicht der Sonne, besitzt im allgemeinen in allen Gebieten eine „gleichbleibende Wärmeausstrahlung" und versetzt die übrigen Theile der Atmosphäre in einen stagnirenden Zustand, wobei sich trotz der intensiven Erhitzung der untern Schichten die Atmosphäre in einem stabilen Gleichgewicht befindet.

Locale Gasbewegungen, welche die Bezeichnung: Stürme und Cyclonen verdienen, entstehen in der Nähe des kühleren Aequatorialstromes, so wie auch in der Umgebung der gasigen Eruptionen, an deren Ort, durch den Austritt des intensiv glühenden Wasserstoffs, nach seiner Ausbreitung, eine plötzliche Temperatursteigerung der Atmosphäre eintritt.

Die Theorie der Sonnenflecken.

Nach dem Frühern haben wir die Sonnenflecken als schwimmende Schlackenmassen kennen gelernt, welche fast immer in Begleitung der eruptiven oder flammigen Protuberanzen auftreten. Der Zusammenhang beider Erscheinungen ist so innig, dass nach Secchi die Protuberanzen „stets" als die Vorboten und Begleiter der Flecke anzusehen sind und nach Spörer konnte in speciellen Fällen, mit Hülfe der Rechnung nachgewiesen werden, dass solche Protuberanzen „vorher" an demselben Orte stattfanden wo „später" sich Flecke bildeten. Den Fackeln kommt zwar dieselbe Eigenschaft zu, wir vernachlässigen sie hier aber deshalb, weil sie nicht wie die Protuberanzen, ausschliesslich an das Vorhandensein von Schlackentheilen gebunden sind und daher den Zusammenhang mit letzteren nicht so scharf erkennen lassen. Ferner ergiebt die Beobachtung, dass das Maximum der Protuberanzen mit dem Fleckenmaximum zusammenfällt, sowohl in zeitlicher als örtlicher Beziehung. Es hat sich ferner gezeigt, dass auch ausserhalb der Fleckenzone, in sehr hohen Breiten ein secundäres Maximum der Protuberanzen besteht, was dem Zusammenhang der Flecke und Protuberanzen um so wunderbarer entgegensteht, als in diesen hohen Breiten niemals Flecke sichtbar sind. Der auffallende Zusammenhang der Sonnenflecken mit den eruptiven Gasgebilden lässt sich dahin erklären, dass die schlackenartige Fleckenmasse durch ihre stellenweise Bedeckung auf der Sonnenoberfläche, den Diffusionsgasen den directen Weg nach oben verlegt und sie zu Ansammlungen in blasenartigen Hohlräumen zwingt. Sind diese Ansammlungen so gross angewachsen, dass das eingeschlossene Gas, vermöge seiner Spannung nunmehr in geringerer Tiefe die noch darüber befindliche Flüssigkeitssäule zu überwinden vermag, so findet unter gewaltsamem Durchbruch durch die schwere flüssige Eisenschicht der·strahlenförmige Austritt des Gases statt. Die Erscheinung der Protuberanzen ist also an das Bestehen einer dichten Schollendecke gebunden, und wir können demzufolge sagen, dass wenn innerhalb der Fleckenzone die Protuberanzen als die stetigen Begleiter der Flecken auftreten, also eine Folge der Fleckenbildung sind, auch ausserhalb der Fleckenzone die Protuberanz an das Vorhandensein einer Schlackenmasse gebunden ist, welche sogenannte unsichtbare Flecken oder Schlackenschollen bildet.

Dass die Flecken, selbst in der Fleckenzone keine dunkele oder gar erkaltete Massen sind, geht schon daraus hervor, dass sie noch Licht und Wärme ausstrahlen und nur durch den scharfen Lichtcontrast dunkel erscheinen.

Um die grosse Dunkelheit der schlackenförmigen Sonnenflecke bei den angenommenen geringen Temperaturdifferenzen leichter zu verstehen, erinnern wir an ein irdisches Beispiel, welches die Fleckenerscheinung im Kleinen sehr deutlich vor Augen führt und das man täglich in Eisengiessereien zu beobachten Gelegenheit findet; es ist hiermit der Abkühlungsprocess von glühendflüssigem Eisen in einem offenen Gefäss gemeint, etwa in einer Giesspfanne. Ueberlässt man das glühendflüssige Eisen sich selbst der Abkühlung, so verdichtet es sich an der Oberfläche sehr bald 'zu einer glühenden breiartigen Masse, welche sich schwimmend erhält wie etwa Eis auf dem Wasser. Nach den Versuchen von Roberts und Wrighston erleiden die Metalle beim Schmelzen eine wesent-

liche Volumsveränderung, so dass die specifischen Gewichte
im festen und im flüssigen Zustand von einander verschieden
sind. Wenn das feste Eisen von dem specifischen Gewicht
6,95 der Erhitzung ausgesetzt wird, so dehnt es sich beim
Uebergang in den plastischen Zustand allmählig aus, bis die
Volumeinheit ein specifisches Gewicht von 6,5 zeigt, und geht
dann bei den Andeutungen des Flüssigwerdens plötzlich zurück,
indem es sich um ein Geringes zusammenzieht, dass schliesslich die flüssige Volumeinheit nur das specifische Gewicht von
6,88 besitzt. Die theilweise abgekühlte Oberflächenschicht in
der Giesspfanne geht auch in den plastischen Zustand zurück
und bleibt daher als festere Decke schwimmen, weil sie um den
18. Theil leichter ist als die verdrängte flüssige Masse. In dem
Maasse, wie die Oberflächenschicht an Dicke wächst, nimmt
ihre Leuchtkraft ab, trotzdem wir in der Wärmeausstrahlung
keine besonders bemerkbare Abnahme finden. Die intensive
Helligkeit verliert sich langsam und geht in ein nebelhaftes,
stark leuchtendes Grau über, das in immer stärkerer Schat-
tirung auftretend, der Oberfläche ein halbdunkeles Aussehen
giebt, welche bei weiterer Abkühlung und aus geringer Entfernung betrachtet, in völliger Dunkelheit erscheint. Bei
genauerer Beobachtung in der Nähe erblickt man unter der
dunkeln Decke an einzelnen Stellen den glühendrothen Unter-
grund. Wir lassen nun die Abkühlung in gleichmässigem
Grade nicht so weit vorschreiten, sondern zertrümmern die
Oberflächenschicht sehr bald etwa durch Schütteln des Ge-
fässes, so dass die plastischen Theile, einzeln umher schwimmende Schollen bilden. Der Contrast zwischen der blossge-
legten, intensiv leuchtenden flüssigen Eisenmasse und den um
wenige hundert Grade minder heissen Schollen, wirkt überraschend, die Schollen dürfen für sich allein betrachtet nur
die Intensität eines deutlichen Grau zeigen, so werden sie
hier aber, durch die Umgebung der intensiven Helle, plötz-

lich in völlig dunkele Flecken übergehen, welche bei weiterer Abkühlung und aus einiger Entfernung betrachtet, beinahe eine schwarze Färbung annehmen. Die Halbschattenerscheinung wird freilich nicht eintreten, ihr fehlen stört aber unsere Vorstellung nicht weiter, weil sie bei den wirklichen Sonnenflecken auch erst nach der Bildung des dunkeln Kernflecks auftritt und als ein Bestandtheil der Sonnenatmosphäre, mit dem Kernfleck in keiner andern gegenseitigen Beziehung steht, als nur durch die optische Erscheinung.

Die Temperaturdifferenzen, welche auf der Sonne die Fleckenerscheinung hervorrufen, liegen wahrscheinlich zwischen bedeutend höheren Grenzen, als wie bei unserm Versuch, aber das Product bleibt immer dasselbe. Die genaue Bestimmung der Temperatur der Sonne stösst heute noch auf ebenso grosse Schwierigkeiten wie die Bestimmung ihres Durchmessers aus den schwankenden Resultaten der Parallaxe und bewegen sich die Berechnungen von dem Minimum, welches etwa bei 3000 Grad C. liegt, bis zu ungeheuren Grenzen, die sich jeder Vorstellung entziehen. Die Mittelpunktstemperatur der Sonne muss allerdings eine bedeutende sein und zwar findet Zöllner dieselbe auf Grund der mechanischen Wärmetheorie zu 70 000 Grad C. während die Oberflächentemperatur nur 27 000 Grad C. betragen soll. Nach anderen Berechnungen beträgt die Temperatur der Sonne sogar millionen Grade für deren Richtigkeit aber noch zu wenig Beweise bestehen. In Verfolg unserer Betrachtung scheint das Resultat von Langley sehr viel Wahrscheinlichkeit für sich zu haben. Derselbe berechnete aus dem Strahlungsvermögen der Sonne, im Vergleich zu einer irdischen Wärmequelle (geschmolzenes Metall im Converter beim Bessemerprocess), dass die Temperatur der Sonne an ihrer Oberfläche etwa drei mal so gross ist als diejenige des geschmolzenen Bessemermetalls. Letztere nimmt man zu 1500 Grad C. an und danach wäre die Oberflächentemperatur der Sonne ungefähr 4500 bis 5000 Grad C. zu setzen. Stefan berechnet sie zu 5500 Grad und William Siemens hält selbst 3000 Grad C. für richtig, also nicht höher als die eines Hochofens oder electr. Lichtbogens. Derselbe stellt als bemerkenswerthe Gründe dafür auf, dass bei höherer Temperatur eine Dissociation der Stoffe stattfinden würde und auch die blauen Lichtstrahlen wären dann überwiegend.

Wir besitzen ferner keine Nachweise für die Richtigkeit derjenigen Annahme, dass die hohe Temperatur der Oberflächenschicht gleichmässig anzutreffen ist, zumal ja schon die Leuchtkraft der Sonne, nur von einzelnen Lichtpunkten ausgeht, welche wir als die Lichtvulkane unter der Bezeichnung „Granulation" kennen gelernt haben. Diese Lichtpunkte sind nach Janssen auf der Sonnenscheibe so dünn gesät, dass letztere bei vollständiger Bedeckung wohl eine zehn- bis zwanzigfache Leuchtkraft besässe. Wenn wir von der Sonne eine grosse Lichtmenge und Wärme empfangen, so haben wir dies nur dem Umstand zuzuschreiben dass auf der 186 000 Meilen im Durchmesser haltenden Sonnenscheibe, immerhin eine so grosse Anzahl vereinzelter Lichtpunkte vorhanden sind, welche insgesammt so intensiv wirken, dass wir die Sonnenoberfläche als vollkommen gleichmässig licht- und wärmespendend ansehen können.

Die Sonne ist leider ein offenes Feuer, welches durch die Diffusion des glühenden Wasserstoffgases nicht schnell genug geschürt werden kann. Die Diffusion vollzieht sich etwas gewaltsam, wie die heftigen Eruptionen zeigen und es ist ganz natürlich, dass je rascher die glühenden Gase aus der Tiefe aufsteigen, um so mehr auch das Bestreben zeigen, in gemeinsame Ströme überzugehen, diese treten dann als die leuchtenden Kuppen der Granulation an die Oberfläche und senden ihre Licht- und Wärmestrahlen in den Weltraum. Zwischen den Lichtpunkten bestehen an der Oberfläche Gebiete, welche sehr wenig von dem diffusen Gas getroffen werden, es bilden sich hier Abkühlungsfelder, die nun bei dem scharfen Lichtcontrast der Lichtpunkte, sich als ein dunkeles Netz zeigen. Es erscheint daher die Behauptung durchaus nicht gewagt, dass sich zwischen den Lichtpunkten ähnliche Condensationsproducte bilden wie in unserer Giesspfanne, und zwar bei derselben Temperatur, denn von den benachbarten Granulationskuppen ist ebensowenig eine Temperatursteigerung zu erwarten, ebensowenig wie ein brennendes Feuer auf einem Hügel, dessen Abhang oder die daran stossende Thalsohle erhitzt. Es ist damit nicht ausgesprochen, dass wir diese Verhältnisse überall auf der Sonne finden werden, sondern wir betrachten nur einen Theil der Sonnenoberfläche, welcher das normale Aussehen hat und von der innern Thätigkeit mehr verschont bleibt, um die Möglichkeit darzuthun, dass wir die Verhältnisse auf der Sonne, mit einem Maassstab messen dürfen, der den analogen irdischen Verhältnissen entspricht.

Unsere Betrachtung hat dahin geführt, dass die Möglichkeit der unsichtbaren Condensationsproducte, der sogenannten Schlackenschollen vorhanden ist und das zahlreiche Auftreten der Protuberanzen ausserhalb der Fleckenzone beweist, dass die Schlackenschollen als unsichtbare Fleckenmassen auch wirklich bestehen. Wir sagen daher:

Zwischen den Sonnenflecken und Protuberanzen besteht ein innerer Zusammenhang insofern, als die schlackenartige Fleckenmasse den aufsteigenden Diffusionsgasen den directen Weg verlegt und zu Ansammlungen in der Tiefe der glühendflüssigen Eisenschicht zwingt, aus welcher sie nachher als eruptive Gebilde zu Tage treten. Das zahlreiche Auftreten der Protuberanzen ausserhalb der Fleckenzone liefert den Beweis, dass auch auf dem übrigen Theil der Sonnenoberfläche sich Ansammlungen von Schlackenmassen befinden, welche zwar nicht dem Auge als dunkele Flecke sichtbar

sind, jedoch mit den eigentlichen Sonnenflecken überein-
stimmende Eigenschaften zeigen.

Die Schlackenschollen haben vielleicht häufig noch nicht
die Stabilität erlangt, welche sie später als Flecken zeigen,
sie brauchen nur breiartig zu sein und können dem diffusen Wasserstoffgas doch schon ein Hinderniss· bieten, welches erst durch den grössern Auftrieb der in blasenartigen
Hohlräumen sich angesammelten Gase gehoben wird. Bricht
dann an dieser Stelle eine grössere Protuberanz hervor, so
bildet die Austrittsstelle eine trichterförmige Oeffnung in der
flüssigen Schicht, welche bald darauf ringsum einstürzt und
die breiige Schlackenmasse mitreisst, die nun durch den Zusammenstoss sich zu einem dichten Flecken vereinigt, der,
wenn dies in der Fleckenzone geschieht, bald darauf auch
seine characteristische Dunkelheit erlangt. Dieser Vorgang
dürfte die von Spörer beobachtete Bildung eines Fleckens
erklären, an einer Stelle, wo vorher eine Protuberanz auftrat.

Es wird uns jetzt auch nicht schwer zu erklären, warum
in den höhern Breiten zwischen dem 50. und 80. Grad
heliographischer Breite, wie Spörer u. a. beobachtet haben,
ein Maximum der Protuberanzen stattfindet. Da nämlich
die Flecken bei ihrem Umlauf nach den Polen hin ablenken,
so werden in jener Protuberanzenzone, die in den mittlern
Breiten vereinzelt auftretenden Schlackenschollen, mehr zusammengedrängt und die Dichte der Schollenreste wird hier
nahezu dieselbe sein, wie sie gleichzeitig in der Fleckenzone
während des Maximum ist. In beiden Breitenzonen wird die
Häufigkeit der Protuberanzen durch ein und dieselbe Ursache
hervorgerufen.

Ein weiteres Beweismittel für das Bestehen unsichtbarer
Schlackenschollen ist die sehr schnelle Entwicklung der Flecke
unter den Augen des Beobachters, so wie auch die fortwährende Aenderung der Gestalt und Grösse der Flecke. Wie

wäre es möglich, dass auf der Sonne partielle Abkühlungs-
gebiete von so scharfer Begrenzung, wie sie die Flecke zeigen,
entstehen können, derart dass innerhalb derselben die glühendflüssige Oberflächenschicht sich plötzlich zu schlackenähnlichen
Massen abkühlen sollte, von der Dicke, dass sie den aufsteigenden glühenden Gasmassen den Weg verlegt und sie zu
Ansammlungen zwingt, welche die Quelle der Protuberanzen
bilden. Fände die Condensation wirklich in der Flekenzone
statt, so müsste das Abkühlungsgebiet für jeden Flecken
grösser sein, als diejenige Fläche, welche der Flecken bedeckt
und die schlackenförmigen Massen würden nicht plötzlich ab-
brechen, wie die Contur des Halbschattens anzeigt, sondern
sie hätten nach dem Rand hin eine abnehmende Dicke,
welche sich aber in der zunehmenden Helligkeit des Halbschattens an seinem Umfang wiederspiegeln würde. Da aber
eine solche Uebergangsfärbung des Halbschattens nicht stattfindet und die wolkenartigen Condensationsproducte gegenwärtig wie in einem tiefem Schacht in der Chromosphäre
versenkt erscheinen, so ist es einleuchtend, dass eine solche
Vertiefung in der flammigen Chromosphäre nur dann entstehen kann, wenn der Herd dieser Flammenthätigkeit, nämlich die glühendflüssige Sonnenoberfläche, mit einer für die
Eruptionsgase undurchdringlichen Masse an dieser Stelle bedeckt ist. Die Bedeckung selbst geschieht durch die schwimmenden Condensationsmassen.

Bei unserer weitern Betrachtung gehen wir nun davon
aus, dass die schlackenförmigen Condensationsproducte auf der ganzen Sonnenoberfläche vertheilt
sind und nur in der Fleckenzone durch ihre zunehmende Dunkelheit sichtbar werden; die Ursache
für die vorübergehende Dunkelheit der Flecke kann
demnach nicht in der Constitution der Flecke selbst
liegen, sondern es muss eine äussere Ursache darauf

hinwirken, welche in der, über den dunkeln Flecken lagernden Atmosphäre ihren Sitz hat. Diese äussere Ursache verdrängt über jedem sichtbaren Flecken die glühende Chromosphäre und schafft eine vorübergehende Temperaturerniedrigung der Schlackenschollen, welche alsdann, wie in unserer Giesspfanne, durch die Lichtschwächung sichtbar werden. — Was ist nun diese Ursache?

Betrachten wir nun die Atmosphäre der Sonne über der Fleckenzone, so finden wir den einzigen Unterschied gegen den übrigen Theil der Sonnenatmosphäre, dass hier der obere Aequatorialstrom mit grosser Geschwindigkeit den Polen zueilt. Es ist diese Erscheinung an sich von geringer Bedeutung für die Fleckenbildung, wenn nicht der Aequatorialstrom auch von bedeutend niederer Temperatur wäre. Die minder heissen Gase haben das Bestreben, in Folge ihrer grössern specifischen Schwere, so tief als möglich auf die Sonnenoberfläche hinabzusinken, daran werden sie nun freilich durch die energische Wärmestrahlung der Sonnenoberfläche verhindert, welche die untere Schicht der Atmosphäre in den Zustand eines glühenden Luftpolsters versetzt, als Träger des Aequatorialstroms. Tritt nun an der Sonnenoberfläche aus irgend welchen Gründen eine partielle Temperaturerniedrigung ein, beispielsweise bis zu der Differenz, welche dem Aequatorialstrom gleichkommt, so fliesst über dies Gebiet des Temperaturminimums der Aequatorialstrom nicht mehr hinüber, sondern er stürzt sich in dasselbe hinab, und findet seine Vernichtung in einer tiefern Zone, welche der glühenden Oberflächenschicht näher liegt. Ein partielles Temperaturminimum kann über der gleichmässig glühenden Oberflächenschicht, nur durch die stellenweis vermehrte Ansammlung der Schlackenschollen entstehen. Wenn diese ein grösseres Gebiet dicht bedecken, so vermindern sie an dieser Stelle die Wärmeausstrahlung der Sonne, und es bildet sich über dem

Schollenfeld ein Temperaturminimum, dessen ideale Grundform ein Strahlenkegel ist, welcher im Mittelpunkt der Sonne seine Spitze hat und an der Oberfläche der Sonne, das Schollenfeld zum Querschnitt. Die scharfe Abgrenzung dieses Temperaturkegels gegen die Temperatur der umgebenden Atmosphäre ist keinesfalls möglich, sondern es wird, ganz analog wie bei einem schattenwerfenden Körper, daneben noch ein Temperatur-Kernschatten entstehen von der Grundfläche des Schollenfeldes dessen Spitze in die Sonnenatmosphäre hineinragt. Dieser Temperaturkegel durchdringt die ganze untere Schicht der Sonnenatmosphäre und trifft auch noch den minder heissen Aequatorialstrom, er bildet in . der glühendheissen Sonnenatmosphäre eine trichterförmige Oeffnung, insofern als er ein Abkühlungsgebiet umschliesst, welches mit dem Aequatorialstrom in Verbindung tritt. Der Aequatorialstrom stürzt in Folge dessen in diese thermische Oeffnung hinab und trifft, einer Wettersäule gleich, bis auf die Schlackenschollen, welche den vertikalen Gasstrom nach allen Seiten hin ablenken, indessen dieser von oben her, fortwährend gespeist wird. Sobald die oberflächliche Abkühlung der Schlackenschollen durch den niedersteigenden Gasstrom geschieht, tritt eine Abnahme der Lichtstrahlung ein und die durch den Lichtcontrast hervorgerufene Dunkelheit lässt die Schlackenschollen als die dunkeln Sonnenflecke erscheinen.

Hieraus geht hervor, dass die Fleckenzone sich nur so weit nach den Polen hin ausdehnt, als der Aequatorialstrom besteht, darüber hinaus ist die Bildung der dunkeln Flecken unmöglich und das vereinzelte Auftreten von Sonnenflecken in sehr hohen Breiten ist wohl nur dem Umstand zuzuschreiben, dass einzelne Ausläufer des Aequatorialstromes bis dorthin gelangten. Selbst diejenigen Sonnenflecke, welche in unmittelbarer Nähe des Aequators auftreten, entstehen auf dieselbe Weise, indem der Temperaturkegel zwar nicht den fliessenden Aequatorialstrom trifft, denn dieser entspringt hier, aber die über dem Aequator angehäuften und bereits stark abgekühlten Gasmassen stürzen hinab. Bei der Wanderung der Flecke bleibt die Gassäule hinfort dieselbe, denn wenn auch der Ort der Flecke ein anderer wird, so begleiten sie immer dieselben Erscheinungen und zwar so weit als der Aequatorialstrom besteht.

Die von Secchi und Spörer beobachtete Fleckenbildung ist mit unserer Entwickelung vollkommen übereinstimmend, es zeigt sich vorher eine grosse Unruhe in der Atmosphäre, welche sich bald durch Fackeln, bald durch Poren kundgiebt. Die Fackeln deuten auf umfangreiche Ansammlungen von Schlackenschollen und die Poren, welche sich anfangs sehr rasch verschieben, sind die dichtern Schlackenschollen, welche auf dem bewegten Eisenocean der Sonne schaukeln. Sobald sich mehrere solcher ausgedehnten Schollenfelder hart berühren, bilden sie die gemeinsame Grundfläche eines grössern Temperaturkegels, in welchen nun ungesäumt das Gas des Aequatorialstroms hinabstürzt und eine weite Oeffnung in der Chromosphäre schafft. Die von Spörer besonders angeführte Thatsache, dass der Bildung grösster Flecke, immer einen oder mehrere Tage lang, die Bildung kleinster Flecke vorausgeht, welche sich erst später zu einer Gruppe vereinigen, die zuletzt meist einen einzigen grossen Fleck bildet, ist unserer Erklärung ebenfalls sehr entsprechend.

Neu entstandene Flecke zeigen anfangs keinen Halbschatten. Dieser bildet sich erst dann, nachdem die Chromosphäre sich über dem Kernfleck vollkommen getheilt hat und der letztere vermöge seiner characteristischen Dunkelheit dem Auge sichtbar wird. Der Halbschattenring zeigt in seinen Umrissen die Figur des Kernflecks und der innere, vom Halbschattenring begrenzte Theil des Kernflecks giebt wiederum ein verjüngtes Bild desselben. Diese Uebereinstimmung und die stets gleiche Breite des Halbschattenringes deuten darauf hin, dass die Chromosphäre einen wesentlichen Antheil an der Bildung der Halbschattenfigur hat. Die niedersteigende Gassäule zeigt stets den Querschnitt von der Grösse des Kernflecks und wird auf diesen Umfang vermuthlich durch die Glühhitze der die Schlackenscholle rings umgebenden Chromosphäre stets zurückgedrängt. Daraus folgt, dass bei Verkleinerung der Schlackenscholle der Halbschattenring sich auch entsprechend verengt, aber er behält immer noch seine Breite, wogegen der Kernfleck schwindet, was in der That auch der Fall ist. Die jeden schattenwerfenden Körper begleitende Erscheinung des Kern- und Halbschattens, tritt als ähnliches Beispiel, in dem bei allen Flecken in stets gleich bleibender Breite sichtbaren Halbschatten gleichfalls sehr deutlich hervor, es ist daher sehr zutreffend, hier von einem Temperatur-Kern- und Halbschatten zu sprechen und zwar bildet der Kernfleck den Querschnitt des Kernschattens und der Halbschattenring entspricht der Temperatur-Halbschattenzone, welche selbstverständlich nur von gleicher Breite sein kann, weil sie von der Höhe oder Dicke der Chromosphäre abhängig ist.

Die niedersteigende Gassäule von dem Querschnitt des Kernflecks breitet sich nach ihrem Auftreffen auf die Schlackenscholle ringsum aus und die kühleren Gase bespülen die Schlackenscholle bis an ihre äusserste Grenze, wo sie an der flammigen Chromosphäre einen Widerstand finden. Der fortwährende Nachschub neuer Gase zwingt diese nun aufzusteigen, sie gerathen in wirbelartige Strömungen, welche in radialer Richtung schräge niedersteigen und wodurch die strahlige Struktur des Halbschattens entsteht. Denn bei der Berührung der Wirbel mit der Chromosphäre, welche ja sehr stark mit Metalldämpfen gesättigt ist, werden diese theilweise mitgerissen und vorübergehend in weniger leuchtende Dämpfe übergeführt, welche

in diesem Zustand die dampfförmigen Bestandtheile des Halbschattens bilden. In der glühenden Chromosphäre werden die
Dämpfe stets zum Glühen gebracht, sie sind aber mehr
leuchtend, während ihre Lichtstrahlung als Halbschattendampf
schon geringer ist, aber dennoch bedeutend, denn es gehört
ja schon eine sehr hohe Temperatur dazu, um die metallischen
Dämpfe überhaupt als solche auftreten zu lassen. Würde beispielsweise die leuchtende Sonnenoberfläche mit einem Mal
auf die Temperatur der Schlackenschollen herabsinken, so
würde die gesammte Chromosphäre die graue Färbung des
Halbschattens annehmen, weil die metallischen Dämpfe gegen
die Lichtausstrahlung transparent sind. Wenn man bei einem
Eisenbahnzug in der Dämmerung den Rauch betrachtet erscheint er grau und undurchsichtig, öffnet der Heizer aber die
Feuerthür, so dass der Lichtschein den Dampf trifft, dann
erscheint dieser sofort glühend und leuchtet zugleich. Ganz
dasselbe wiederholt sich bei den Metalldämpfen der Chromosphäre.

Die wirbelförmigen Halbschattenfasern sind alle radial,
nach dem Kernfleck gerichtet und verlieren sich in dessen
Nähe. Langley hat beobachtet, dass sie sämmtlich in helle,
aufwärts gerichtete Spitzen endigen, so dass der Kernfleck
von vielen Lichtpunkten eingesäumt erscheint. Diese Lichtpunkte sind die letzten Theile der früher abgekühlten metallischen Dämpfe, welche in den leuchtenden Zustand übergehen.
Die streng regelmässige Anordnung der Halbschattenstrahlen
lässt sich nur dadurch erklären, dass die Gase einem Zuge
folgen, und zwar ist der Zug immer stärker, jemehr sich die
Gase dem Kernfleck nähern. Die wolkigen Halbschattenfasern
zeigen diese Erscheinung recht deutlich, es wäre sonst gar
nicht denkbar, dass die zarten Wolkenwirbel sich keilartig
neben einander gruppiren. Dicht neben dem Kernfleck ist
der Zug nach oben gerichtet also entgegengesetzt der nieder-

steigenden Gassäule. Es ist einleuchtend, dass wenn Gas niedersteigt, so muss es auch einen Abfluss finden und da ringsum die schwere glühende Photosphäre nicht zurückgeht, ja selbst vermöge ihrer Temperatur schon den Gasstrom hemmt, so muss der letztere nach oben ausweichen und steigt vielleicht nur bis über die Chromosphäre an, wo sich der Wasserstoff ausbreitet. Ueber jedem Kernfleck bestehen demnach zwei Gassäulen, eine volle Kernsäule, welche aus dem abwärts gerichteten Gasstrom besteht, und ein aufsteigender Gasmantel von etwas höherer Temperatur, welcher die Kernsäule umgiebt.

Jeder dunkle Sonnenfleck, welche Grösse oder Gestalt er auch haben mag verdankt sein Entstehen der niedersteigenden Gassäule, welche sich beim Aufsetzen auf die Schlackenscholle nach allen Richtungen ausbreitet, so dass die radialen Gasströme in mächtigen Wirbeln auseinanderstäuben, bis sie am Rand des Kernflecks gegen die Dämpfe der Chromosphäre anprallen und überstürzend nach dem Centrum zurückfallen, wo sie bereits der Strömung des weiterhin aufsteigenden Gasmantels folgen, wie die länger ausgezogenen Halbschattenspiralen zeigen. Die Halbschattenfasern werden stets nach dem Kernfleck hin eine abfallende Richtung zeigen, weil die Gase nach dem aufwirbeln wieder „zurückfallen" und nicht am äussern Rand der Schlackenscholle aufsteigen, so dass zwischen ihnen und der niedersteigenden Kernsäule ein todter Raum frei bleibt, sondern sie werden von der umgebenden Atmosphäre in diesen Raum zurückgeworfen. Die Erscheinung der vertieften Kernflecke kann aber selbst bei sehr flachen Winkeln der Halbschattenfasern durch die optische Täuschung sehr deutlich ausgeprägt sein, zumal der innere Rand des Halbschattens niemals bis auf den Kernfleck hinabreicht.

Eine nicht seltene Erscheinung ist die sichelförmige Krümmung der Halbschattenfasern, welche auf eine wirbelförmige

Drehung deuten, die Ursache derselben ist wahrscheinlich eine Drehung der Kernsäule in entgegengesetztem Sinne, wobei die an Halbschattenumfang aufsteigenden Gasstrahlen verschoben werden, an welcher Bewegung die Wurzeln der Halbschattenfasern Theil nehmen. Es bleibt freilich noch der Beobachtung der Nachweis offen, ob sich die gekrümmten Halbschattenfasern im Kreise herum bewegen oder ob sie trotz der Krümmung fest stehen bleiben. Die Schlüsse lassen sich erst nach dieser eingehenden Untersuchung feststellen, zumal diese Erscheinung sich nicht in den Rahmen der allgemeinen Betrachtung einfügen lässt, sondern nur ganz localen Ursachen zu entspringen scheint, weil nach Young oft bei mehreren Flecken einer Gruppe gleichzeitig verschiedene Drehungsrichtung des Halbschattens eintritt.

Unsere Erklärung der Fleckenerscheinung ist folgende:

Die dunkeln Sonnenflecken entstehen in der Gürtelzone der beiden Aequatorialströme, durch stellenweises Zusammentreiben von unsichtbaren Schlackenschollen, welche durch ihre Bedeckung die Wärmestrahlung der glühendflüssigen Oberflächenschicht vermindern und engbegrenzte Gebiete eines Temperaturminimums in der Sonnenatmosphäre bilden, in welche die kühlern und darum schwereren Gase des Aequatorialstromes, gleich einer Wettersäule hinabstürzen, wobei sie die Chromosphäre zur Seite drängend, auf die Schlackenschollen auftreffen und diese, radial bestreichend, an der Oberfläche vorübergehend abkühlen. Der mittlere Theil der verdunkelten Schollen, bleibt dann als der dunkele Kernfleck sichtbar und entspricht dem Querschnitt der vertical abfliessenden Gassäule.

Die den Kernfleck umgebenden, radialen Fasern des Halbschattenringes, sind die metallischen Dämpfe, welche der, die Schlackenschollen umgebenden Chromosphäre, von den Gasströmen bei ihrer Berührung entrissen worden und durch vorübergehende Abkühlung, die ins grau spielende Halbdurchsichtigkeit erlangen. Diese Färbung der Dämpfe lässt den Weg der rückkehrenden wirbelnden Gase auf den

Schlackenschollen erkennen, welche nach der Mitte gerichtet, in der Nähe des Kernflecks nach oben abfliessen. Durch den entstehenden Zug, werden die Halbschattenwirbel zu langgestreckten Spiralen derart ausgezogen, dass sie sich keilförmig zugespitzt, um den Kernfleck gruppiren.

Die sogenannte „Auflösung" der Sonnenflecke innerhalb der Fleckenzone, womit man ihr „Unsichtbarwerden" bezeichnet, tritt ein, sobald die Gassäule auf einen kleinern Querschnitt zusammengedrängt wird, was durch Verkleinerung der Schlackenscholle geschieht. Die Schollen haben häufig keinen so innigen Zusammenhang, dass sie auf der, von den niedern Gaseruptionen heftig bewegten glühendflüssigen Oberfläche, einen weiten Weg zurückzulegen im Stande sind. Die Flecke verändern daher sehr bald ihre Gestalt und Grösse, theils durch Abreissen grösserer Stücke theils durch Anschwemmen neuer Schollen. Auch die von den Schollen abgesperrten glühenden Eruptionsgase nagen, vermöge ihres Auftriebes und der hohen Eigentemperatur auf der Unterseite dieser schwimmenden Decke, welche daher oft durch Spaltung die sogenannten Lichtbrücken zeigt. Wenn nun die Flecke aus diesen Ursachen allmählig an Umfang abnehmen, so zieht sich der Halbschattenring bei gleichbleibender Breite immer enger zusammen, bis zuletzt der Kernfleck seinem Verschwinden nahe ist, die von allen Seiten durch die Glühhitze der Chromosphäre bedrohte kühlere Gassäule fliesst in immer kleiner werdendem Querschnitt herab, bis schliesslich der Zufluss des Gases nicht mehr genügend ist, um dem Einfluss der hohen Temperatur schon während des herabfallens zu widerstehen. Wenn aber die herabfallende Gassäule bereits unterwegs die Temperatur ihrer Umgebung erreicht, so hört die Strömung überhaupt auf und den Rest des Kernflecks überzieht der Halbschatten ebenfalls, welcher in mehr oder weniger Zeit, von der hinüberwallenden Chromosphäre zuletzt auch verzehrt wird. Der Temperaturkegel der Schlackenscholle ist hiermit an die Grenze seiner Wirksamkeit gelangt und der früher sichtbare Flecken hat sich jetzt in die unsichtbare Schlackenscholle verwandelt.

Das Verschwinden der Flecke in der Nähe der obern Grenze beider Fleckenzonen ist auch auf das Aufhören des Aequatorialstromes zurückzuführen und zwar verliert der letztere in Folge der Temperatursteigerung allmählig die Fähigkeit sich in den Temperaturkegel hinabzustürzen. Ueber die obern Grenzen der Fleckenzonen hinaus, besteht nicht mehr der kühlere Aequatorialstrom, sondern er fand hinreichend Zeit sich auf dem bisherigen Wege auf die Temperatur der Umgebung zu erhitzen, wonach die Strömung aufhört.

Wenn die Schlackenschollen bei ihrem Bestehen in hohen Breiten dennoch einen ausgedehnten Temperaturkegel erzeugen, so ist dessen Höhe, die in der Fleckenzone zu mindestens 20 000 Meilen angenommen werden muss, in den obern Breiten wohl noch viel zu niedrig, damit der sogenannte Temperatur-Kernschatten diejenige Höhenschicht der Atmosphäre erreicht, deren Temperatur derjenigen gleich ist, welche in dem Minimum über dem Schollengebiet herrscht, ein herabstürzen der Gase trifft sonst nicht ein.

Zur Häufigkeit der Sonnenflecken.

————

Wir haben bereits erwähnt, dass die Häufigkeit der Sonnenflecke eine periodische Erscheinung ist, deren Zeitraum rund 11 Jahre beträgt. Es ergiebt sich ferner dass innerhalb dieser Periode das Maximum eine unsymmetrische Lage hat und zwar ist die Dauer vom Minimum bis zum nächsten Maximum $4^1/_2$ Jahre und vom Maximum nach dem folgenden Minimum $6^1/_2$ Jahre. Wir sehen also, dass die Fleckenthätigkeit sehr schnell zunimmt und langsam abnimmt. Eine fernere Eigenthümlichkeit ist noch die, dass bei Beginn der Fleckenthätigkeit, also kurz nach dem Minimum bis zum Maximum, die Ablenkung der Flecke bei ihrem Umlauf in der Richtung von dem Pol nach dem Aequator hin geschieht, während nach Eintritt des Maximums die Ablenkung in umgekehrter Richtung erfolgt.

Wenn nun innerhalb der Zeit von $4^1/_2$ Jahren vor einem Maximum, sich die Flecke dem Aequator nähern und nachher im Laufe von $6^1/_2$ Jahren wieder vom Aequator entfernen, so können dem Aequator nicht so viel Flecke zutreiben als nachher in längerer Zeit Flecke nach dem Pol eilen. Die Aequatorzone ist also eine Bildungsstätte der Schlackenschollen. Die Ursache für die Schlackenbildung ist nur eine beschleunigtere Wärmeentziehung der glühendflüssigen Eisenschicht, welche ihren Sitz in der Sonnenatmosphäre hat. An den Polen und in den höhern Breiten befindet sich die Atmosphäre in stagnirendem Zustand und hält die Temperatur nahezu gleichmässig aufrecht. Ueber den Fleckenzonen lagert zunächst die sehr dicke untere Schicht der Atmosphäre, welche langsam nach dem Aequator wandert, und darüber befindet sich die horizontale Aequatorialströmung. Die Temperatur über der Fleckenzone kann daher nicht viel verschieden sein von der Temperatur über den höhern Breiten. Ueber dem Aequator herrscht aber eine aufwärts gerichtete Strömung und wenn die heissen aufsteigenden Gase auch schon wenig zur Erhaltung der Temperatur der Oberflächenschicht beitragen, so erlauben aber noch die Umstände den heissern Diffusionsgasen einen Abfluss nach oben zu finden und es tritt eine anhaltende Verdichtung der flüssigen Eisenschicht durch die nachhaltig wirkende Ausstrahlung ein, welche die Bildung von Schlackenschollen zur Folge hat.

Gehen wir nun weiter und sagen, dass die Flecke nach unserer Erklärung als Schlackenschollen zu betrachten sind, welche von einer glühendflüssigen Oberflächenschicht getragen werden, so folgen sie bei der wechselnden Ablenkung auf ihrer Zugstrasse. offenbar nur der Verschiebung der flüssigen Oberfläche, diese befindet sich demzufolge in einem schwankenden Zustand, das hydrostatische Gleichgewicht derselben wird durch innere Ursachen gestört.

Diese Störungen können nur eintreten, wenn der Sonnenkörper seine Gestalt ändert, indem er sich in der Richtung seiner Rotationsachse zusammenzieht und wieder ausdehnt, da dies aber in periodischen Zeiträumen geschieht, so gelangen wir zu dem Schluss, dass der gasförmige Sonnenkörper sich fortdauernd in pulsirender Thätigkeit befindet. Ehe wir weiter entwickeln, sind noch die Gründe anzugeben, warum wir bei der gasförmigen Sonne eine pulsirende Thätigkeit ihrer Masse annehmen dürfen, wir folgen hier der Erklärung Ritters: „Der Gleichgewichtszustand einer Gaskugel beruht auf dem Gleichgewicht der innern Wärme und der Gravitation, ein Ueberwiegen der erstern würde Expansion, ein Ueberwiegen der letztern Contraction hervorrufen. Mit der Verdichtung wächst die Intensität der Gravitation; jedem gegebenen Dichtigkeitsgesetze aber muss eine bestimmte Menge innerer Wärme entsprechen, um der Gravitation das Gleichgewicht zu halten. Ist nun die wirklich vorhandene innere Wärme grösser als diejenige, welche erforderlich ist um die Gravitation aufzuheben, so tritt nach Maassgabe der Vertheilung der überschüssigen Wärme, Expansion ein, welche den Massentheilchen, da sie dieselben aus Ruhe in Bewegung überführt, eine beschleunigte Bewegung ertheilen muss. Während der Expansion nimmt die innere Wärme ab; in dem Augenblick aber, wo dieselbe einen solchen Werth erhalten hat, dass sie der Gravitation gerade das Gleichgewicht halten könnte, wird die Expansion nicht zum Stillstande kommen, vielmehr die beschleunigte Bewegung der Gastheilchen in eine verzögerte übergehen. Die nun noch erfolgende weitere Ausdehnung wird dann Ursache fortgesetzter Abnahme der innern Wärme werden, welche dadurch auf einen so kleinen Werth herabsinkt, dass sie der Gravitation nicht mehr Widerstand zu leisten vermag. Ihr Ueberwiegen wird zunächst die Expansion zum Stillstande bringen; ist dies geschehen, so wird Contraction eintreten. Da diese aber auch mit Beschleunigung erfolgen muss, so wird an ihrem Ende wieder die innere Wärme überwiegen, das Spiel wird sich wiederholen. Die Gaskugel wird also in pulsirende Bewegung gerathen.“

Wenn wir die Ursache der Verschiebung der flüssigen Oberflächenschicht in der Pulsation der Sonne suchen, so haben wir noch eine Voraussetzung hinzuzufügen, nämlich die, dass die Gaskugel resp. die Sonne nicht in Ruhe bleibt sondern rotirt. Bei einer ruhenden Gaskugel wird durch die pulsirende Thätigkeit keine Verschiebung der Oberfläche hervorgerufen, in so deutlich ausgesprochenen Richtungen, wie sie die Sonnenflecken bei ihrem Umlauf zeigen. Bei ruhender Sonne würden die Flecke stehen bleiben und sich nur heben und senken. Durch die Rotation der Sonne wird aber die Pulsation beeinflusst, insofern als bei einer beginnenden Expansion, die in der Nähe der Axe gelegenen Theile der Sonnenmasse, dieser Einwirkung früher folgen als die weiter ab rotirenden Massen. Die Trägheit der rotirenden Massen verzögert die Expansion, während umgekehrt auch die Contraction der rotirenden Massen in der Aequatorialzone und den niederen Breiten ebenfalls später eintritt als in den polaren Gegenden.

Die Contraction der Sonnenkugel macht sich demzufolge zuerst an den Polen bemerkbar, indem hier eine Abplattung eintritt und die glühendflüssige Oberflächenschicht sucht durch Hinüberfliessen aus den niederen Breiten, das hydrostatische Gleichgewicht wieder herzustellen. Wenn also die Flecke nach einem Maximum vom Aequator nach den Polen wandern, so zeigen sie eine Versetzung der glühendflüssigen Oberflächenschicht in gleicher Richtung an. Tritt nach einem Minimum in Folge der Expansion, an den Polen eine Erhebung der Sonnenmasse über das gewöhnliche Niveau ein, welche sich immer weiter auf niedere Breiten ausdehnt, so eilt die glühendflüssige Schicht gewissermaassen bergab, dem Aequator zu. Auf die Grösse der Abplattung oder Erhebung kommt es hiebei gar nicht an, wenn nur eine geringe Höhendifferenz zwischen der Aequatorialzone und den Polen stattfindet.

Es könnte die Zeitdauer der Versetzung, welche eine halbe Fleckenperiode, etwa 5 Jahre, in Anspruch nimmt, vielleicht Zweifel erregen, dem gegenüber bemerken wir, dass die Wasserversetzung auf unserer Erde, hervorgerufen durch den Mond, allein zwei Wochen zur Regulirung braucht, um wie viel mehr Zeit, muss die Versetzung der specifisch schwereren glühendflüssigen Eisenschicht von vielleicht mehreren Erddurchmessern Dicke auf der ungeheuren Sonnenkugel gebrauchen; bei Berücksichtigung aller Grössenverhältnisse auf der Sonne, scheint die Dauer von einer halben Fleckenperiode gerade nothwendig.

Wir nennen die Verschiebung der flüssigen Oberflächenschicht vom Aequator nach dem Pol, also in der Zeit vom Maximum nach dem Minimum, die Aequatorialfluth und die umgekehrte Schiebung vom Minimum nach dem folgenden Maximum die Polarfluth. Beide Fluthen wechseln zur Zeit der Maxima und Minima miteinander ab; hat die Aequatorialfluth beinahe alle Flecke aus den niedern Breiten nach den Polen zu hingeschwemmt, so wird man bei Eintritt des Minimum nicht allein selten Flecke auftreten sehen, sondern wenn dies geschieht, so zeigen sie keine Ablenkung nach dem Pol, es tritt ein förmlicher Stillstand der flüssigen Oberflächenschicht ein, und erst nach längerer Zeit beginnt die Fleckenthätigkeit von neuem. Sehr characteristisch für den Beginn der Polarfluth nach dem Minimum ist das Auftreten der Flecke zunächst in höhern Breiten, an der obern Grenze der Fleckenzone und indem die Flecke selbst jetzt eine Ablenkung nach dem Aequator zeigen, bringt die Polarfluth einen grossen Theil der durch die Aequatorialfluth entführten Flecke zurück. Tritt das Maximum ein, so beginnt das periodische Spiel von neuem.

Die ungleichen Zeiträume zwischen den Maxima und Minima zeigen an, dass die Contraction und Expansion ebenfalls von verschiedener Dauer sind. Die Expansion beginnt nach Eintritt des Minimum mit dem Auftreten der Polarfluth und braucht nur ungefähr $4^1/_2$ Jahre Zeit, um durch Ausdehnung der gesammten Sonnenmasse der Gravitation gerade das Gleichgewicht zu halten. Die Contraction beginnt nach Eintritt des Maximum mit dem Auftreten der Polarfluth und braucht rund $6^1/_2$ Jahre um die Sonnenmasse an die Anfangsgrenze der Expansion zu versetzen. Es findet während der Contraction eine grössere Verzögerung statt, denn theoretisch müssen Contraction und Expansion sich vollkommen gleich bleiben. Die wahre Dauer jeder dieser dynamischen Wirkungen zu kennen, ist minder wichtig, es genügt hier die Andeutung, dass die Centrifugalkraft die Ursache dieser gewaltsamen Hemmung ist.

Die Sonne hat beim Maximum an den Polen ihre grösste Abplattung und zeigt auch im ganzen einen geringeren Durchmesser. Nach unserer Betrachtung ist zu erwarten, dass der Durchmesser während des Minimums am grössten ist und zur Zeit des Maximums am kleinsten, und es ist überraschend dass die bisherigen, allerdings sehr schwierig auszuführenden Beobachtungen diese Thatsachen zu bestätigen scheinen, denn Secchi, Wolf und Auwers sind zu diesen Resultaten gelangt.

Die ungleiche Fleckenbewegung in den verschiedenen Breiten, ist auf Grund unserer Anschauung, dass die Flecke schwimmende feste Massen sind, welche von einer flüssigen Schicht getragen werden, in folgender Weise zu erklären. Aus den Fleckenbeobachtungen wissen wir, dass kleinere Flecke sich schneller vorwärts bewegen, als grössere Flecke, denn sonst würde die characteristische Anstauung der kleinen Flecke hinter dem grössten vorderen Fleck einer Gruppe nicht entstehen können. Auch Zöllner und Vogel sind durch spectroscopische Beobachtungen zu dem Resultat gelangt, dass die Sonnenoberfläche eine grössere Rotationsgeschwindigkeit zeigt, als die von ihr getragenen Flecke. Wenn aber in einer und derselben Breitenzone, Flecke von verschiedener Grösse, auch eine verschiedene Bewegung zeigen, so ist die letztere abhängig von der jeweilig bewegten Masse, welche vermöge ihrer Trägheit, gegen die der Rotation der Sonne folgenden flüssigen Oberfläche etwas zurückbleibt. In höheren Breiten nimmt die Rotationsgeschwindigkeit immer mehr ab und dieselben Flecke, welche am Aequator einen Umlauf von 25,1 Tagen zeigen, verlangsamen denselben in höhern Breiten.

Die rotatorische Bewegung der Flecke kann ebenfalls nur eine sehr einfache Ursache haben, und zwar besteht im Hinblick auf unsere Fleckenconstitution nur eine Ursache, nämlich die in jeder Breitenzone verschiedene Winkelgeschwindigkeit der flüssigen Oberflächenschicht. Schon Faye hat darauf hingewiesen, dass jede Breitenzone eine eigene Winkelgeschwindigkeit hat, welche vom Aequator aufwärts mit dem quadratischen Verhältniss des Sinus jeder folgenden Breite abnimmt. Bei einem grösseren Flecken kann schon der Unterschied der Rotationsgeschwindigkeit zwischen seinem Nord- und Südufer so gross sein, dass die einseitig wirkende Beschleunigung den Flecken rechts oder links herum zu drehen bestrebt ist, je nachdem er sich südl. oder nördl. vom Aequator befindet.

Folgen wir nun der Vorstellung, dass die Häufigkeit der Sonnenflecke mit einer pulsirenden Thätigkeit der Sonne in Verbindung steht und stellen daneben die Thatsache, dass nach dem Minimum der Sonnenflecke, gleichzeitig die Fleckenzone schmäler wird, derart, dass ihre obere Grenze sich nach dem Aequator hin verschiebt, so erkennen wir, dass die Pulsation einen Einfluss ausübt auf das Abkühlungsgebiet der Atmosphäre oberhalb der Fleckenzone. Dieses Abkühlungsgebiet, welches nichts weiter ist, als der kühlere Aequatorialstrom der Sonnenatmosphäre, wird schmäler, indem die vollständige Wiedererhitzung der Gase früher geschieht, d. h. in geringerer Entfernung vom Aequator; daraus folgt, dass die Temperatur der Sonne eine merklich höhere ist zur Zeit des Minimums, was andererseits auch durch meteorologische Beobachtungen bestätigt wird.

Die Temperatur kann nur gesteigert werden durch gewaltsame Mehrauspressung von glühendem Wasserstoff durch die Poren der glühendflüssigen Eisenschicht. Da aber zur Zeit und nach einem Minimum, die Expansion auf die Sonnenmasse zu wirken beginnt, die Gravitation jener aber nicht die Oberhand lassen möchte, so müssen die Diffusionsgase zunächst Raum geben, und der Wasserstoff bläst heftiger durch die Eisenschicht hindurch. Die Folge davon ist, dass etwas mehr Wasserstoff austritt als gewöhnlich und eine vermehrte Lichtentwicklung der Atmosphäre herbeiführt, freilich wird man diese wieder zunächst an den Polen erwarten dürfen, denn in den niederen Breiten ist bei der Trägheit der rotirenden Massen der beschleunigtere Einfluss der Expansion geringer und die Diffusion erleidet hier zunächst keine Aenderung. Eine Bestätigung unserer Voraussetzung liefern auch die Beobachtungen von Weber, wonach in den polaren Zonen jedesmal nach dem Minimum eine bedeutende Lichtentwicklung auftritt.

Die Lichtentwicklung an den Polen zeigt also eine deutliche Temperatursteigerung, und diese verbreitet sich über jede Halbkugel in Gestalt einer Temperaturcalotte, welche schliesslich die Ausläufer des atmosphärischen Aequatorialstromes berührt und sie um einige Breitengrade nach dem Aequator zurückdrängt. Nach Eintritt des Maximum, zieht sich die Sonnenmasse zusammen, die beschleunigte Diffussion hört auf und die Temperaturcalotte zieht sich zurück, während der Aequatorialstrom wieder seine frühere Breite einnimmt. Die Aenderung der Corona, während verschiedener Zeiten, wie Huggins aus dem Vergleich vieler photographischer Abbildungen findet, dürfte sich wohl auch auf diese Ursache zurückführen lassen.

Eine Zwischenfrage ist hier wohl am Platze, und zwar ob die vermehrte Diffusion nicht auch in den niederen Breiten periodisch bemerkbar ist. Dem gegenüber kann als Antwort

dienen, dass die bisherigen sorgfältig angestellten Beobachtungen eine Temperaturschwankung in den niederen Breiten
nicht haben erkennen lassen, und zwar ist es wahrscheinlich,
dass die rotirenden Massen auch indirect auf die Diffusion
eine Verzögerung ausüben, welche diese auf eine ganze Pul-
sationsperiode ausdehnt, so dass eine durchweg bestehende
Gleichmässigkeit herrscht.

Eine Erscheinung ist noch zu verzeichnen, welche aus der
Zusammenstellung der Sonnenfleckenbeobachtungen während
eines mittleren Tages von Carrington hervorgeht. Derselbe
fand nämlich die Zahl der beobachtenden Flecke wie folgt:

Breite	Nördl. Hemisphäre	Südl. Hemisphäre
0°	5	—
5	85	31
10	142	218
15	127	98
20	151	200
25	116	75
30	59	67
35	18	19

Man erkennt in der Tabelle sehr bald, dass unter dem
15. Breitengrad eine Abnahme der Fleckenzahl herrscht. Es
kann diese Erscheinung keine zufällige genannt werden, und
wir glauben einen gesetzmässigen Einfluss für dieselbe in folgender Weise erklären zu können. Eine Abnahme inmitten
der Fleckenzonen kann nach unserer Theorie nur dann eintreten, wenn die Temperatur des atmosphärischen Aequatorialstromes eine vorübergehende Steigerung erfährt; vielleicht
nicht an allen Stellen, sondern nur theilweise. Wir können
annehmen, dass innerhalb des 15. Grades nördl. und südl.
Breite, die aufwärts gerichtete Strömung herrscht. An den

beiden Ufern fliesst die Strömung etwas schneller als weiter hin über dem Aequator und zwar deshalb, weil in dieser Breite die bereits bestehende horizontale (zur Sonnenoberfläche) Aequatorialströmung mit bedeutender Fallgeschwindigkeit den vor ihr liegenden Theil der Verticalströmung ablenkt und mitreisst. Die kühlen Gasmassen des Aequatorialstromes werden dadurch auf halbem Wege schon auf etwas höhere Temperatur gebracht und zeigen das Bestreben, sich nur innerhalb sehr grosser Gebiete eines Temperaturminimums, d. h. über grosse Flecke als verticale Gassäule zu erhalten; kleinere Flecke hören auf sichtbar zu sein. Im weiteren Verlauf der Strömung gleicht sich diese Temperaturdifferenz, zu Gunsten des früheren Verhältnisses, sehr bald aus und die Fleckenzahl steigt an.

Das Ergebniss unserer Betrachtungen ist folgendes:

Die gasförmige Sonnenkugel befindet sich fortdauernd in pulsirender Thätigkeit, welche von der periodischen Aenderung des Durchmessers begleitet wird. Durch die Rotation werden aber, in Folge der Trägheit der rotirenden Massen, am Aequator und in den niedern Breiten, die Pulsationsperioden derart verzögert, dass die Expansion erst nach etwa $4\frac{1}{2}$ Jahren ihre Grenze erreicht, während die nachfolgende Contraction der Zeit von $6\frac{1}{2}$ Jahren bedarf, um die Expansionsarbeit zu überwinden.

An den Polen sind die Wirkungen der Expansion und Contraction anhaltend bemerkbar und es entsteht dort im ersten Fall eine „Erhebung" der Sonnenmasse, im andern Fall eine „Abplattung" der Sonnenkugel. Beide Aenderungen veranlassen eine Störung des hydrostatischen Gleichgewichts der glühendflüssigen Oberflächenschicht, welche bei Beginn der Expansion als „Polarfluth" nach den niedern Breiten versetzt wird, und bei Beginn der Contraction als „Aequatorialfluth" nach den Polen.

Gleichzeitig mit der Versetzung der glühendflüssigen Oberflächenschicht zeigen die auf ihr schwimmenden dunkeln Sonnenflecke eine gleiche Verschiebung. Die Flecke folgen während der Contraction dem Einfluss der Aequatorialfluth, und zeigen bei ihrem Umlauf eine Ablenkung nach den Polen, während sie bei Expansion in entgegengesetztem Sinne von der Polarfluth nach dem Aequator getrieben werden.

Da nun unter dem Aequator die Geburtsstätte der Sonnenflecke liegt, so tritt noch infolge der Polarfluth in den niedern Breiten eine Stauung der Sonnenflecken ein, welche nach $4^1/_2$ jähriger Dauer, mit dem Aufhören der Polarfluth ihr Maximum erreicht, dieser Zeitpunkt bildet das „Maximum der Sonnenflecke". Die nachher auftretende Aequatorialfluth entführt während ihres $6^1/_2$ jährigen Bestehens der Aequatorialzone fast alle stabilen Flecke, so dass nach Ablauf dieser Zeit ein „Minimum der Sonnenflecke" eintritt.

Die Flecken Maxima und Minima bezeichnen demzufolge die Zeitgrenzen der Aequatorial- und Polarfluth oder was dasselbe ist, der Expansion und Contraction der pulsirenden Sonnenkugel, und verdanken ihr Auftreten, so wie die unsymmetrische Lage zu einander, nur der bestehenden Rotation der Sonne.

Ferner:

Bei Beginn der Expansion, also kurz vor dem Fleckenminimum, tritt in den polaren Gegenden eine stärkere Lichtentwickelung ein, welche auf eine beschleunigtere Wasserstoffdiffusion schliessen lässt. Diese dehnt sich allmählig bis in die niedern Breiten aus, und schafft eine geringe Temperatursteigerung in der Sonnenatmosphäre. Demzufolge muss auch der atmosphärische Aequatorialstrom etwas früher der Auflösung unterliegen und eine geringere Breite annehmen, welche in der schmäler werdenden Fleckenzone reflectirt wird. Daher rückt nach einem Minimum die obere Grenze der Fleckenzone nach dem Aequator und gleichzeitig auch die mittlere heliographische Breite der Fleckenzone; diese unterliegt hauptsächlich noch dem Einfluss der Fleckenstauung.

Nach Eintritt des Fleckenmaximums, also mit Beginn der Contraction, hört die beschleunigte Wasserstoffdiffusion auf, die Breite des Aequatorialstromes, sowie die der Fleckenzone erreichen ihre frühere Ausdehnung und die mittlere heliographische Breite der Fleckenzone entfernt sich mehr vom Aequator. Die Schlackenschollen behalten innerhalb dieser Periode auch über die Fleckenzone hinaus eine grössere Stabilität und zwar in Folge der Verbreiterung der Fleckenzone und Abnahme der beschleunigten Wasserstoffdiffusion. Die Häufigkeit der Protuberanzen nimmt daher auch ausserhalb der Fleckenzone in den höhern Breiten zu, und durch Anstauen der Schlackenschollen an der Polargrenze entsteht hier ein „secundäres Maximum der Protuberanzen", welches, je nach Zahl und Grösse der angeschwemmten Schlackenschollen, sich mehr oder weniger vom Pol entfernt ausbildet. An den Polen selbst findet eine Auflösung der Schlackenschollen statt, hauptsächlich nach Eintritt des Minimums, unter Einwirkung der beschleunigten Wasserstoffdiffusion.

Die Erklärung der 55 jährigen Fleckenperiode.

Auf Grund unserer bisherigen Betrachtung lässt sich auch eine Erklärung für die von Wolf entdeckte 55jährige Periode der Fleckenmaxima finden. Aus dem Umstand, dass die Flecke innerhalb $4^1/_2$ Jahre vom Minimum bis zum nächsten Maximum nach dem Aequator wandern, nach dieser Zeit, d. h. vom Maximum bis zum nächsten Minimum, während $6^1/_2$ Jahre die umgekehrte Ablenkung nach dem Pol zeigen, ergiebt sich, dass der Aequatorialzone mehr Flecke entzogen werden als zugeführt und zwar entspricht diese Mehrentnahme einer zweijährigen Fleckenthätigkeit. Die Menge der am Aequator vorräthigen Schlackenschollen ist von der Wärme-Ausstrahlung der Sonnenoberfläche an dieser Stelle abhängig, und die wirkliche Anzahl der Schlackenschollen kann als gleichbleibend angenommen werden, wogegen die Stabilität der Schollen erst innerhalb einer Fleckenperiode so weit zunimmt, dass die Schollen beim Eintritt in die Fleckenzone die Ursache der Verdunkelung in sich tragen. Da nun nach jeder Fleckenperiode die Aequatorialzone um eine zweijährige Fleckenzahl ärmer geworden ist und wie die Beobachtung zeigt, nach fünf Maximaperioden noch ein Rückgang in der Fleckenthätigkeit eintritt, so ergiebt sich, dass der Schollenvorrath am Aequator nur einen Ueberschuss auf die Dauer von $5 \times 2 = 10$ Jahren beträgt, welchen die Wärmeaustrahlung zu erzeugen vermag. Nach den wenigen Beobachtungen lässt sich diese Annahme noch nicht als ein Gesetz aussprechen, aber unseren Betrachtungen zufolge steht nichts im Wege, was diese Wahrscheinlichkeit in Zweifel setzt.

Die Erhaltung der Energie der Sonne.

Diese Frage gehört eigentlich nicht zur Theorie der Sonnenflecken, ihre Lösung ist aber schon in unserer Abhandlung enthalten, und in Anbetracht ihrer sehr wichtigen Stellung fügen wir die Erklärung im Zusammenhang hier an.

Die Ansichten über die Erhaltung der Energie, sind schon von verschiedenen Seiten kundgegeben, welche die Beruhigung verschaffen, dass die Sonne kaum jemals aufhören wird den Quell alles Lebens versiegen zu lassen. Wir treten hier nur dem rechnerischen Resultat von Helmholtz näher, nach welchem eine jährliche Contraction der Sonne um etwa 60 Meter, die innerhalb derselben Zeit ausgestrahlte Wärmemenge schon ersetzt und nach 6000 Jahren würde die fortschreitende Abnahme des Sonnendurchmessers erst die Grösse einer halben Secunde erreichen.[1] Diese Form der Energieerneuerung zeigt noch die grösste Wahrscheinlichkeit, weil sie nicht durch äussere, mehr zufällige Ursachen hervorgerufen wird, wie etwa durch das Einstürzen von Meteorschwärmen auf die Sonne, sondern sie ist lediglich eine Folge der Abkühlung, allein die in der Fleckenperiode sich wiederspiegelnde Pulsation der Sonne widerspricht der nachhaltigen Contraction. Da aber bei einer pulsirenden Gaskugel die während der Contraction erzeugte Wärme in Expansionsarbeit umgesetzt wird, so kann diese, im

---

[1] Diese Differenz lässt sich durch Messung mit unsern heutigen Apparaten noch nicht mit Sicherheit nachweisen.

Sonnenkern stattfindende Thätigkeit auch nichts zur Erhaltung der Oberflächentemperatur der Sonne beitragen.

Die Wärmeausgabe der Sonne ist ein dauernder Verlust für dieselbe, und wird unter den gegenwärtigen Umständen in keiner Weise ersetzt.

Wenn aber die Sonne schon seit Jahrtausenden immer dieselbe Strahlungsintensität zeigt, so ist diese nicht etwa die Folge der vermuthlichen Erhaltung ihrer Energie, sondern jene Fähigkeit verdankt sie nur der glühendflüssigen Eisenschicht an ihrer Oberfläche, welche von dem, in nahezu constanter Menge austretenden glühenden Wasserstoffgas, auf die fast gleichmässige Temperatur erhalten bleibt. Die Bildung von freiem Wasserstoff im Sonnenkern ist aber mit einer fortdauernden Abkühlung verbunden.

Der fortdauernde Wärmeverlust ist an der Oberfläche der Sonne gar nicht zu merken und daher ist man um so eher geneigt zu glauben, dass auf irgend eine Weise der Wärmeersatz geschaffen wird. Die Sonne befindet sich immer noch im Stadium der Abkühlung und zwar der Abkühlung des einatomigen Gaskerns. Die Grenze der Dissociationstemperatur rückt allmählig nach dem Innern des Sonnenkerns, bis auf eine Entfernung vom Sonnenmittelpunkt, wo die Gravitation die Dissociationstemperatur erzeugt. Wir haben schon zu Anfang hervorgehoben, dass in frühern Entwickelungsperioden der Sonne, die Dissociationstemperatur weit über die durch die Gravitation hervorgerufene Grenze vorgeschoben war, sie reichte bis an die dampfförmige Atmosphäre hinan, deren unterste Schicht, die Eisendämpfe, nach dem Verlust der obern Schichten sich dann plötzlich zur glühendflüssigen Eisenschicht auf dem einatomigen Gaskern verdichteten.

Es steht daher durchaus nicht im Widerspruch, wenn die vorgeschobene Grenze der Dissociationstemperatur nicht von der Gravitationskraft fixirt bleibt, sondern die Umhüllung des noch bestehenden, einatomigen Gaskerns kann als ein schlechter

Wärmeleiter angesehen werden, welcher den Rückgang der Temperatur und die parallel bleibende Umwandlung des neutralen Gases in die chemischen Elemente nur langsam geschehen lässt.

Da sich aber die Eisenschicht wie eine Filtrationsmasse zum gasförmigen Sonnenkern verhält, so wäre es auch denkbar dass gegenwärtig die Umwandlung der Gase bereits ganz und gar geschehen ist und aus diesem Gasgemisch nur der Wasserstoff langsam durch Diffusion entweicht. Der erste Fall scheint aber wahrscheinlicher.

Wenn einst in zukünftigen kosmischen Perioden, der gesammte Wasserstoff aus dem Sonnenkern entwichen ist, wird auch die Sonne aufhören mit der gewöhnlichen Intensität zu leuchten, sie wird matter und matter werden, bis sie zuletzt wie eine mächtige rothglühende Kugel am Firmament hängt, als ein röthlicher Stern von andern Welten aus gesehen, welcher durch die rasche Abkühlung zusehends verdunkelt und von der, nun umfangreich auftretenden Schlackenbildung in tiefe Nacht getaucht wird.

Wir stehen ans Ende der Welt. —

Das organische Leben hört freilich schon früher auf und zwar mit dem Beginn der verringerten Wärmestrahlung, wenn die mittlern Jahrestemperaturen abnehmen, aber die Abnahme kann eine so plötzliche sein, dass vielleicht nach wenigen Jahren alles Leben erloschen ist.

Der wissenschaftlichen Forschung wird der Zeitpunkt des Weltuntergangs stets verschlossen bleiben, und wir können diese weise Anordnung der Naturgesetze nur als ein uns überkommenes Heiligthum ehren, zum irdischen Glück für uns und spätere Geschlechter.

Wir halten es jedoch, dem Titel dieses Buches entsprechend nicht für gut, bei diesem prophetisch klingenden Schluss stehen zu bleiben, einmal um nicht den Verdacht der Vorhersagung auf uns zu lenken und zum andern um auf ängstliche Naturen keinen besorgnisserregenden Eindruck in Betreff eines nahen Weltunterganges hervorzurufen. Folgen wir daher der weitern Betrachtung.

Die Sonnenmasse haben wir als ein bis zum flüssigen Aggregatzustand comprimirtes Gas von ausserordentlich hoher Temperatur kennen gelernt, und zwar befindet sich dieses Gas in gebundener Form in seinem Urzustand, dem einatomigen Element, welches nur in Gegenwart der Dissociationstemperatur bestehen bleibt. Diese Temperatur kann eine für unsere Vorstellung unbegrenzte sein; die Mittelpunktstemperatur der Sonne kann ebensowohl nach Zöllner nur 70000 Grade C betragen, als auch den von andern Forschern berechneten Werth von millionen Grade haben. Die Sonne enthält daher einen ungeheuren Wärmevorrath und wenn man bedenkt, dass 1281000 Erdkugeln an Volumen ebenso viel ausmachen wie unsere Sonne, so müssen wir fast erschrecken über unser Ansinnen, die Sonne, die Mutter unseres Weltsystems in ihrer Thätigkeit controlliren zu wollen, ob sie in kurzer Zeit oder bis in spätere Jahrtausende noch mit derselben Macht und Fülle das organische Leben, diesen zauberischen Hauch auf der harten Rinde unseres Planeten erhält.

Fragen wir zunächst wie lange das Menschengeschlecht auf der Erde besteht, so finden wir die Auskunft in unserer einzigsten und ältesten geschichtlichen Ueberlieferung, der Bibel, dass wir die historische Zeit auf die Dauer von etwa 6000 Jahren anschlagen können. Ueber die Anzahl der früher verflossenen Jahrtausende giebt uns nur die Erdrinde auf ihren geologischen Tagebuchblättern eine unsichere Auskunft, welche meist auf Schätzung beruht. Die jüngste der geologischen Umwälzungen auf der Erdoberfläche, sei es dass sie auch nur theilweise eintrat, wird uns durch keine historischen Daten bezeichnet und liegt demzufolge viel früher zurück, so dass wir alle bestimmtern Vermuthungen nur auf die historische Zeit von 6000 Jahren zurückführen können.

Wir kehren nun zur Sonne zurück und fahren fort in unserer Betrachtung. Wenn die Wärmeabgabe der Sonne von der Wasserstoffdiffusion abhängig ist, so liegt die Vermuthung nahe, dass ehemals die Sonne einen grössern Durchmesser besass, und zwar wurde von der glühendflüssigen Oberflächenschicht die gesammte Wasserstoffatmosphäre in höchst comprimirtem Zustand eingeschlossen. Die Wasserstoffatmosphäre der Sonne bildet trotz ihrer grossen Ausdehnung im comprimirten Zustand wahrscheinlich nur einen geringen Bestandtheil der Sonnenmasse und die glühenden specifisch schweren Tropfen, welche die Protuberanzen umherschleudern, sowie auch die Zertrümmerung der Protuberanzen durch die innere Spannung, zeigen deutlich die grosse Verschiedenheit beider Zustandsformen des Wasserstoffgases an.

Die Oberfläche der Sonnenkugel ist 11800 mal so gross als die Oberfläche unserer Erdkugel, und es durchdringt daher in jeder Secunde eine fast unberechenbare Menge des glühenden Gases die glühendflüssige Eisenschicht, so dass der Sonnenkern naturgemäss an Umfang geringer werden muss. Diese Verkleinerung vollzieht sich aber in Anbetracht der grossen Dichte des eingeschlossenen Gases nur sehr langsam, weil die Diffusionsgase nach dem Eintritt in die Poren der glühendflüssigen Eisenschicht nicht mehr die Dichte haben als vorher im kritischen Zustand und selbst die Protuberanzen bestehen wohl nicht mehr aus einem unter dem kritischen Druck befindlichen Gase.

Wenn aber eine solche bemerkbare, weltbedrohende Abnahme des Sonnendurchmessers wirklich stattfände, so müsste dieselbe schon im Laufe der historischen Zeit aufgefallen sein. Allerdings reichen die genauen Messungen erst wenige Jahrhunderte zurück, aber diese Frist ist wohl zu kurz für dergleichen Vorgänge, denn damals zeigte die Sonne, wie auch heute, die gleiche scheinbare Grösse. In früherer Zeit besass man keine genauen Messinstrumente und wir haben daher auch von Anbeginn des Menschengeschlechts keine bestimmten Angaben über die Grösse der Sonnenscheibe überliefert erhalten.

Zur Beantwortung dieser Frage können wir indess in negativem Sinne über die Unwahrscheinlichkeit der Aenderung des Sonnendurchmessers im Laufe der letzten Jahrtausende einiges Licht erlangen und zwar vermittelst der Sonnenfinsternisse. Der Mond verhüllt bekanntlich bei totalen Sonnenfinsternissen die Sonnenscheibe vollständig mit einer ganz geringen Ueberdeckung. Nehmen wir an, die Sonne wäre noch vor mehreren Jahrtausenden bedeutend grösser gewesen als heute, so würde bei totaler Verfinsterung die leuchtende Sonnenscheibe von der dunkeln Mondscheibe nicht vollkommen verdeckt werden, und der Sonnenrand müsste noch als sichtbarer leuchtender Ring die Mondscheibe concentrisch einschliessen. In diesem Falle würde allerdings die Corona wesentlich an Helligkeit verlieren oder ganz aufhören, wie bei unbedeckter Sonne. Diese Erscheinung der ringförmigen Ueberragung des Sonnenrandes über die dunkele Mondscheibe ist in den ersten Perioden des Daseins unseres Menschengeschlechts wohl niemals beobachtet worden, während wir andererseits nicht zweifeln dürfen, dass beim Eintreffen dieser Erscheinung selbst die einfachsten Naturvölker darauf aufmerksam geworden wären, zumal sie ja dem belebenden Tagesgestirn eine göttliche Verehrung zollten.

Es ist daher die Besorgniss über die Verkleinerung der Sonne als eine Vorbedeutung des bemerkbaren Schwindens unserer Wärmequelle für uns und unsere Nachkommen ganz überflüssig.

Unsere Betrachtung hat uns um 6000 Jahre zurückversetzt und wir sehen, dass diese Vergangenheit eine viel zu kurze Spanne Zeit umfasst, als dass in derselben kosmische Veränderungen wahrnehmbar sind. Selbst die Dauer der geologischen Perioden auf unserer Erde, welche nur einen Bruchtheil desjenigen Zeitabschnittes einschliessen, der kosmische Perioden bezeichnet, entzieht sich unserer Vorstellung. Man hat allerdings versucht, mit Hülfe sogenannter Chronometer der Geologie gewisse Zeitabschnitte genauer festzustellen, indem man aus der periodischen Ab- und Zunahme gewisser Veränderungen an der Erdoberfläche, unter der Voraussetzung ihres gleichmässigen Auftretens, auf die Zeitdauer ihres Bestehens schliesst. So zum Beispiel nimmt man an, dass der Niagarafall sich früher dicht an den Ufern des Ontario-See befand und berechnet, dass durch die fortgesetzte Unterspülung der Fallwand, welche jährlich etwa einen Meter betragen soll, der Wasserfall die jetzige Entfernung von sieben englischen Meilen vom Ontario-See in dem Zeitraum von mindestens 10 000 Jahren in der Richtung stromauf zurückgelegt hat. Derartigen Ableitungen haftet leider dieselbe Genauigkeit an, als wenn man eine Meile mittelst dem Meterstab ausmessen würde, und wir können uns über die Zeitdauer geologischer Vorgänge nur hinwegtäuschen.

Für die Wissenschaft hat die wahre Zeitdauer der geologischen wie kosmischen Perioden nur einen relativen Werth; dagegen ist die gesetzmässige Reihenfolge der Vorgänge von grösserer Wichtigkeit. Mit der Erkenntniss derselben blicken wir dem Strom der Vergangenheit nach und steuern unsere Arche, welche wir im Geist durch die Cultur erbaut, dem Wogendrang der kommenden Zeit unbekümmert entgegen.

Andere Sonnenflecken-Theorien.

Die erste und älteste Theorie der Sonnenflecken von
Wilson, nach welcher jene wirkliche Löcher in der leuchtenden
Atmosphäre sind, die sich über einem dunkeln Sonnenkörper
ausbreitet, haben wir bereits erwähnt. Diese Theorie ist an
sich zwar unhaltbar, aber ihrem Schöpfer gebührt das Ver-
dienst, den ersten wissenschaftlichen Grundstein gelegt zu
haben, welcher den späteren Beobachtungen ein festes Gefüge
gab. Auch Bode, Schröter und W. Herschel suchten
darauf weiter zu bauen, sofern als das damalige Beobachtungsmaterial eine Erweiterung erlaubte.

Nach der Einführung der Spectralanalyse auf die Beobachtung der Himmelskörper von Kirchhoff wurde von demselben ebenfalls eine Theorie der Sonnenflecke aufgestellt,
welche sich schon mehr unserer Richtung anschliesst. Allerdings sind nach Kirchhoff so wie auch einer Reihe späterer
Forscher, die Flecke als Wolken zu betrachten, welche sich
ganz wie in unserer Atmosphäre, auch auf der Sonne bilden
und es sei uns gestattet, hier nur auf die mit unserer Theorie
übereinstimmenden Punkte einzugehen. Diese Wolken werden
„locale Temperaturerniedrigungen" schaffen, indem sie einem
Theil der Wärmestrahlen den Durchgang hindern und daher
oberhalb der Wolke eine Abkühlung der Atmosphäre herbei-
führen. Die Folge ist, dass von oben her die Wolke anwächst
und nach ihrem Dichterwerden unter die Temperatur der

Glühhitze sinkt, worauf sie als dunkler Kernfleck sichtbar bleibt. Aber nicht allein nach oben hin, sondern seitlich rings herum schafft die dichtere Wolke ein Abkühlungs-Gebiet, wo sich neue, weniger dichte Wolken bilden, welche die Halbschattenfigur erzeugen.

Die Kirchhoff'sche Hypothese erklärt zwar nicht alle Erscheinungen, aber sie enthält bereits den Grundgedanken, welcher jeder späteren und auch unserer Theorie zu Grunde liegt, nämlich in allen Fällen haben wir es mit einer localen Temperaturerniedrigung zu thun, die schon nach den ersten spectralanalytischen Beobachtungen zu erkennen war.

Die Theorien von Spörer, Hastings und theilweise auch von Secchi können als weiter ausgeführte Modificationen der Kirchhoff'schen Theorie angesehen werden und zeigen nur unwesentliche Unterschiede gegen dieselbe.

Völlig abweichend von diesen ist die Theorie von Faye, nach welcher die Sonnenflecken als Wirbel in der Sonnenatmosphäre anzusehen sind und bei deren Thätigkeit die Wolkenbildung auch eine grosse Rolle spielt. Diese Theorie setzt keine glühendflüssige Oberflächenschicht voraus und die sichtbaren Sonnenflecke bilden demzufolge nur Bestandtheile der Photosphäre. Diese Wirbel sollen nun durch Aufsteigen von Gasen aus dem Sonnenkern entstehen; sie zeigen bei ihrer Sichtbarkeit in verschiedenen Breiten eine wechselnde Geschwindigkeit, weil ihre mitgebrachte Geschwindigkeit sehr gering ist und daher entsteht in jeder höheren Breite eine zunehmende Verzögerung der Fleckenbewegung.

Wir schliessen folgende Bemerkungen an. Wenn auch die Halbschattenfasern öfters einer um den Kernfleck herrschenden Wirbelbewegung zu folgen scheinen und in der Sonnenatmosphäre zuerst von Lokyer selbst Cyclonen nachgewiesen sind, so lässt sich doch nicht die Mehrzahl der Sonnenflecke auf die Gestalt einer geschlossenen Cyclone zurückführen, zumal jene noch recht tief in der Photosphäre gebettet erscheinen. In den höheren Regionen der Wasserstoffatmosphäre ist die Existenz der Wirbel schon eher denkbar. Auch die andauernde Gestalt der Lichtbrücken[1]) spricht gegen die Wirbelflecke, weil die aus einem Spalt hervorbrechende Lichtfluth mindestens bald verschoben oder verschlungen erscheinen müsste.

Die Zahl der atmosphärischen Sonnenflecken ist hiermit erschöpft, denn weitere Formen als Löcher, Wolken und Wirbel lassen sich nicht entdecken, und es bleiben nur noch die der flüssigen Oberfläche eigenthümlichen schlackenförmigen Sonnenflecke übrig; diese haben in Zöllner den ersten Vertreter gefunden.

Derselbe ging davon aus, dass die Sonne eine flüssige Kugel sei, an deren Oberfläche die Flecke durch partielle Erkaltung entstünden. Die Abkühlung geht hervor aus der hohen Temperatur der Sonne, der bestehenden Sonnenatmosphäre und der Rotation der Sonne. Aus diesen drei Gründen sollen sich bildende atmosphärische Strömungen eine thermische und mechanische Rückwirkung ausüben, wodurch eben die Veränderungen des Aggregatzustandes der glühendflüssigen Oberflächenschicht hervorgerufen werden und sich schlackenartige Abkühlungsproducte bilden. Dort, wo Durchstrahlbarkeit und Klarheit der Atmosphäre herrscht, wird die Fleckenbildung am stärksten auftreten. Dieser Zustand herrscht am Aequator, wo die erhitzten Luftmassen schnell aufsteigen und sich oben abkühlen. Da, wo sie wieder hinuntersinken, finden atmosphärische Trübungen statt; es bilden sich hier Wolken, die sich gegen die Sonnenoberfläche zwar durch keinen Helligkeitsgrad unterscheiden, aber die Ausstrahlung hemmen.

Jeder Fleck bedingt an der Oberfläche der Sonne eine Stelle von schroff gegen seine Umgebung abgegrenzte Temperatur-

---

[1]) Siehe auch S. 42.

minderung, daher müssen hier Gleichgewichtsstörungen in der Atmosphäre eintreten; es entstehen auf- und niedersteigende Ströme. Diese Circulation begrenzt die Umgebung der Flecke und erzeugt das hiermit verbundene Aufquellen der heissen Theile der Atmosphäre über dem gewöhnlichen Niveau der continuirlich leuchtenden Gasschichten, welche die Fackelerscheinung hervorruft. Der abgekühlte Gasstrom fällt auf die Schlackenmasse und erleidet bereits beim Niedersinken eine Abkühluug durch die verminderte Wärmestrahlung von unten her, daher bilden sich in seiner Umgebung die aufgelösten Dämpfe zu Wolken. Diese umgeben in gewisser Höhe die Grenze der Schlackenmasse und erscheinen als die sogenannten Höfe mit strahligem Gefüge.

Jeder Fleck muss sich wieder auflösen, wenn seine Temperatur steigt; dies muss eintreten, sobald die zugeführte Wärme grösser ist, als die durch Abkühlung verloren gehende. Die Condensationswolken von oben hemmen die Ausstrahlung; die Wärmezufuhr von unten ist constant und daher folgt die Auflösung der Flecke.

Die Bildung der Flecke hat zwei Ursachen, Ausstrahlung und kalte Ströme; die Auflösung geschieht nur durch die Berührung mit der heissen Flüssigkeitsmasse und daher erfolgt die Entwicklung der Flecke schneller als ihre Auflösung.

Wir sehen dass Zöllner's Theorie bereits die Grundideen einzelner Punkte unserer Theorie enthält, und die Fleckenerscheinung nach dem obigen Entwicklungsgange für sich allein betrachtet, erscheint auch vollkommen ungezwungen in der Darstellung; es fehlt in derselben aber die Berücksichtigung aller scheinbar unwesentlichen Einzelheiten, welche mit zur Lösung der Sonnenfleckentheorie gehören.

In Bezug auf die Häufigkeit der Flecke gelangt Zöllner zu der Ansicht, dass sobald die Fleckenbildung eine gewisse

räumliche Ausdehnung erlangt, wegen der allgemeinen Gleichgewichtsstörungen und Trübungen in der Atmosphäre die
weitere Entwicklung gehemmt wird. Es beginnt ein Ausgleich-
prozess, welcher die Auflösung aller Flecke zur Folge hat.
Diese aufeinander folgende atmosphärische Thätigkeit regulirt
sich von selbst und besitzt daher das Bestreben, in eine periodische Erscheinung überzugehen.

Die Protuberanzen haben nach Zöllner eine der Fackelerscheinung verwandte Entstehungsweise; sie treten auf in
Folge der Druckunterschiede zwischen dem Druck der in der
flüssigen Masse des Sonnenkörpers, nahe seiner Oberfläche
eingeschlossenen oder von ihr absorbirten Wasserstoffmassen
und dem äusseren Druck der Atmosphäre. Da, wo der Atmo-
sphärendruck am geringsten ist, werden sich die häufigsten
und intensivsten Protuberanzen bilden. Solche Stellen bestehen
aber in der Fleckenzone, wo durch die aufsteigenden Luft-
ströme der Druck naturgemäss vermindert wird. Gleichzeitig
wird das Auftreten der Protuberanzen noch begünstigt durch
Druckerhöhung auf die flüssige Oberflächenschicht durch die
benachbarten absteigenden Ströme, welche gewissermaassen eine
Herauspressung des Gases bewirken. Eine grosse Anzahl
Protuberanzen findet Zuwachs in der Chromosphäre, welche
durch die aufwärtssteigenden Ströme mit emporgerissen wird.

Die Theorie von Zöllner ist trotz mancher Uebereinstimmung der von einander abgeleiteten Erscheinungen in viel
zu unbestimmte Darstellung gehalten, als dass sich daraus
für das Auftreten der einzelnen Erscheinungen die gesetzlichen
Grenzbedingungen in zeitlicher wie räumlicher Ausdehnung ableiten lassen.

Ueber die Bedeutung der Sonnenflecken.

———

Nachdem von Schwabe und Wolf die Periódicität der Sonnenflecken gefunden war, konnte es nicht unbemerkt bleiben, dass manche meteorologische Erscheinungen auf unserer Erde die gleichfalls eine periodische Schwankung zeigten, mit der Sonnenfleckenerscheinung in enger Beziehung zu stehen scheinen. Die erste Entdeckung welche diese Thatsache rechtfertigt betraf den Zusammenhang einiger erdmagnetischen Erscheinungen mit der Häufigkeit der Sonnenflecke. Lamont hat (1851) nachgewiesen, dass neben der sehr veränderlichen täglichen Variation der Declination der Magnetnadel auch in grösseren Zeiträumen eine periodisch wiederkehrende Schwankung der Variation auftritt, deren Dauer etwa zehn Jahre umfasst. Gleichzeitig haben Wolf und Gautier unabhängig voneinander gefunden, dass die periodische Schwankung der Declination sich mit der Häufigkeit der Sonnenfleckenerscheinung vollkommen deckt, derart dass der grösste Werth der mittlern täglichen Variation der Declination zur Zeit der Fleckenmaxima besteht und. auf den kleinsten Werth während der Fleckenminima zurückgeht.

Desgleichen hat sich gezeigt, dass die Häufigkeit der Polarlichterscheinungen ebenfalls mit der Häufigkeit der Sonnenflecken zusammenfällt. Daneben hat Wolf noch gefunden dass die 55jährige Periode der Fleckenmaxima, sich in dem Auftreten der Polarlichter besonders deutlich kennzeichnet und zwar, viel schärfer als in der Zahl der beobachteten Flecke. Die Beobachtung der erdmagnetischen Erscheinungen kann daher eine Gegenprobe auf die Genauigkeit der Sonnenfleckenbeobachtungen genannt werden, welche alle Zweifel zu heben scheint, die in Bezug auf die 55 jährige Fleckenperiode auftreten.

Das Wesen der Polarlichter ist zwar noch nicht erkannt, aber wir haben hier jedenfalls mit electrischen Entladungen zu thun, welche in luftverdünnten Höhen stattfinden. In welcher Weise nun die Fleckenerscheinung auf die Polarlichterscheinung einwirkt, wird von Zech mit vieler Wahrscheinlichkeit erklärt. Derselbe hält die Protuberanzen für die einzigen Urheber dieser periodischen Störung. Da nun die Häufigkeit der Protuberanzen mit der Häufigkeit der Flecke zusammenfällt, so können wir die letztern als Merkmal für die zeitliche Vertheilung der erdmagnetischen Schwankung beibehalten.

Die Protuberanzen brechen stets am Rand der schlackenartigen Sonnenflecke mit ungeheurer Geschwindigkeit hervor und erzeugen demzufolge durch Reibung an der dichtern Schlackenscholle eine grosse Menge Electricität, welche sich in der Sonnenatmosphäre anhäuft, ganz so wie etwa über thätige Vulkane die eruptiven Gasmassen grosse Electricitätsmengen absetzen oder auch aus Kesseln ausströmender Wasserdampf. Die auf der Sonne angehäufte Electricität zerstreut sich nach allen Richtungen im Weltraum und zwar dient ihr als Träger der Aether, welcher den Weltraum erfüllt. Diese Darstellung enthält eine Andeutung, auf welchem Wege die Entdeckung der Ursachen unserer Polarlichter zu hoffen ist und dürfte vielleicht die von anderer Seite ausgesprochene Möglichkeit einer Inductionswirkung der solaren Electricität zutreffend sein.

Eine andere bemerkbare Erscheinung, welche gleichfalls

mit der Häufigkeit der Sonnenflecken in enger Beziehung steht, ist die periodische Schwankung der mittlern Jahrestemperaturen. Die Zusammenstellung der jährlichen Temperaturveränderungen hat gezeigt, dass mit der Zunahme der Sonnenflecke, also nach Eintritt des Minimums, eine durchschnittlich höhere Temperatur bei uns besteht, während mit der Abnahme der Sonnenflecke d. h. nach einem Maximum die Temperatur eine geringere wird. Die Unterschiede sind sehr gering, sie betragen im Mittel nur wenige Grade. Noch ehe die grösste Zahl der Flecke erreicht wird, scheint jedoch eine Wärmeabnahme einzutreten, die fortdauert in der Zeit der Verminderung der Flecke und während des Fleckenminimums. Man ist daher sehr bald zu der Ueberzeugung gelangt, dass die Sonnenflecke nicht immer direct durch Verdunkelung eines Theils der Sonnenscheibe, bei unverändertem Strahlungsvermögen des übrigen Theils derselben wirken.

Versuchen wir nun nach unserer Theorie die periodischen Temperaturschwankungen zu erklären. Wenn nach einem Minimum trotz der Zunahme der Flecke eine allgemeine Temperatursteigerung eintritt, so wird diese hervorgerufen durch die gesteigerte Diffusion des glühenden Wasserstoffgases, welches unter dem Einfluss der Expansionswirkung zu Tage tritt. Die mit den dunkeln Flecken dicht besetzte Fleckenzonen büssen vermöge der Bedeckung durch die Schollen zwar die gleichmässige Strahlungsintensität ein, aber über den beiden polaren Kugelschalen unterliegt die Wasserstoffatmosphäre einer Temperatursteigerung, welche jene Lücke in der Sonnenstrahlung nicht allein deckt, sondern noch überbietet. Nach Eintritt des Fleckenmaximum, wenn die Expansionswirkung der Sonnenmasse aufhört und mit ihr die gesteigerte Diffusion des glühenden Wasserstoffgases, ist die Fleckenbedeckung plötzlich von bemerkbarem Einfluss, indem die normale Strahlungsintensität um das Strahlungsvermögen der bedeckten Fläche vermindert wird und es folgt ein schneller Rückgang in der mittlern Jahrestemperatur, welche sich hauptsächlich in den hohen Kältegraden desjenigen Winterjahrs wiederspiegelt, das kurz nach dem Fleckenmaximum folgt. Nach Hahns Untersuchungen waren:

die höchsten Kältegrade 1830, 1838, 1850, 1861, 1870 und 71
Fleckenmaxima . . . 1829, 1837, 1848, 1860, 1870.

Dass der Temperaturwechsel bei uns nicht dem Wechsel der Ursache auf dem Fusse folgt, findet seinen Grund in der Wärmeübertragung, welcher zumeist das Wasser als das Mittel dient. In den Tropen beträgt die Verspätung nicht so viel, sie nimmt aber in höhern Breiten allmählig zu, so tritt nach Köppen das Maximum der Wärme in den Tropen $1/_2$ bis $1^1/_2$ Jahre vor dem Minimum ein, ausserhalb der Wendekreise verspätet es sich gegen das letztere aber ganz bedeutend, so beispielsweise in den 40ziger Jahren bis mehr als 3 Jahre.

Ferner hat Hornstein zuerst eine periodische Schwankung des Luftdrucks entdeckt, deren Dauer ebenfalls mit der Dauer der Fleckenperiode eine Uebereinstimmung zeigt.

Auch die weniger hervorragenden atmosphärischen Erscheinungen, als wie die Cirruswolken u. a. zeigen eine periodische Häufigkeit, welche man auf den Einfluss der Sonnenflecken zurück zu führen sucht.

Von grösserer Wichtigkeit ist der Einfluss der periodischen Temperaturschwankung auf die Menge der atmosphärischen Niederschläge und man hat in der Häufigkeit der Regenmenge ebenfalls einen der Häufigkeit der Sonnenflecke parallelen Gang entdeckt. Im allgemeinen haben die Fleckenminima eine grosse Trockenheit zur Folge gehabt. Nach Hunters Ansicht, welcher auch Buchan beistimmt, fielen fünf von den sechs Jahren grosser Trockenheit in diesem Jahrhundert, welche den Jahren der Hungersnoth in Südindien vorangingen, mit fünf Fleckenminima - Jahren zusammen,

während das sechste trockene Jahr (1854) auch relativ wenig
Sonnenflecke zeigte.

Wir sehen also, dass die an sich beinahe unscheinbaren
Sonnenflecke ganz gewaltig in unser sociales und wirthschaft-
liches Leben eingreifen, so dass wir das Studium der Sonnenflecken, und besonders die Erkenntniss ihrer Gesetzmässigkeit
als eine allgemein nützliche und dankbare Aufgabe betrachten
können. Wenn wir aber auf unsern Geistesflügeln, geleitet
von der Wissenschaft als einzige Führerin, den bevorstehenden
Naturereignissen bereits entgegen zu eilen in der Lage sind,
so werden wir mancher Begegnung mit den Naturgewalten
nicht überrascht und zaghaft nachblicken, im besondern uns
aber auch vor mancher abergläubischen Einbildung bewahren,
welche uns eine gewisse heilige Scheu vor unbekannten Ge-
walten einflösst. Die wahre Verehrung der göttlichen über-
irdischen Macht wird durch den Wissensdrang des geistigen
Forschers durchaus nicht verletzt, sondern kann nach Erkenntniss der Dinge durch die Bewunderung der schöpferischen
Natur nur noch mehr befestigt werden.

Wir sind am Schluss unserer Betrachtung angelangt und
hoffen, dass das wichtige Problem der Sonnenfleckentheorie,
in dem gebotenen Umfang vollständig dargestellt ist, mit Aus-
schluss geringer, ganz localer Vorgänge, deren Werth sich
noch der Behandlung entzieht, theils wegen der geringen
Grösse, theils aber wegen des mangelhaften Beobachtungs-
materials.

Von den Errungenschaften der Spectralanalyse sind hier
nur die nothwendigen Resultate angeführt, welche direct zur
Beantwortung der bezüglichen Fragen dienen.

In Betreff der Zeitrechnung, welche die sichtbaren Erscheinungen auf der Sonne einschliesst, dürfte es sich em-

pfehlen, die Rotationsdauer von ca. 25,1 Tage als Einheit zu
setzen, mit der Bezeichnung „Sonnentag" und die Dauer
einer Fleckenperiode als ein „Sonnenjahr", bestehend aus
einer genauer festgestellten Anzahl Sonnentage. Wenn alsdann das Auftreten, die Intensität und der Ort der Erscheinungen auf diese Sonnenzeit reducirt werden, erhält man über
die Sonnenthätigkeit stets eine deutliche Uebersicht. Unsere
Kalenderzeit dient dabei nur als Exponent.

Ferner wäre wohl angebracht, die Sonnenfleckenperioden
mit einer fortlaufenden Zahlenreihe zu bezeichnen, deren eins
diejenige Fleckenperiode trägt, welche die Zeit der Entdeckung
der Sonnenflecken mittelst Fernrohr einschliesst. Wir haben
seitdem 24 Sonnenfleckenperioden gehabt und hätten nach
unserm Vorschlag ebenso viel Sonnenjahre zu rechnen. Die
Einführung einer derartigen Bezeichnung wäre das schönste
Denkmal, welches die Nachwelt der Erfindung des Fernrohrs setzt.

Die Erörterung, ob und wie weit dieser Vorschlag praktisch
erscheint, würde hier zu weit führen und wir begnügen uns
nur mit dem Hinweis auf denselben.